H. Hagn

Schutz von Eisenkonstruktionen gegen Feuer

D1719715

bremen
university
press

H. Hagn

Schutz von Eisenkonstruktionen gegen Feuer

ISBN/EAN: 9783955621827

Auflage: 1

Erscheinungsjahr: 2013

Erscheinungsort: Bremen, Deutschland

@ Bremen-university-press in Access Verlag GmbH, Fahrenheitstr. 1, 28359 Bremen. Alle Rechte beim Verlag und bei den jeweiligen Lizenzgebern.

Cover: Foto © SØREN WEDEL NIELSEN (Wikipedia)

Schutz

von

Eisenkonstruktionen

gegen Feuer.

Herausgegeben im Auftrage

des Verbandes deutscher Architekten- und Ingenieur-Vereine,
des Vereines deutscher Ingenieure
und des Vereines deutscher Eisenhüttenleute

von

H. Hagn,

Ingenieur in Hamburg.

Mit 163 Figuren im Text.

BERLIN
Verlag von Julius Springer
1904.

Vorwort.

Mit der Herausgabe des vorliegenden Buches bezwecken die drei großen technischen Verbände Deutschlands: der Verband Deutscher Architekten- und Ingenieur-Vereine, der Verein Deutscher Ingenieure und der Verein Deutscher Eisenhüttenleute, in der Frage des Schutzes von Eisenkonstruktionen gegen Feuer fördernd und klärend zu wirken.

Wie in Fachkreisen bekannt sein dürfte, ist über das Verhalten verschiedener Feuerschutzmittel eine Reihe von Versuchen angestellt, deren Ergebnisse veröffentlicht worden sind.

Auch über die in der Praxis gebräuchlichen Ausführungen geschützter Eisenkonstruktionen sind durch die technischen Zeitschriften verschiedentlich Mitteilungen gemacht worden. Dieses Material findet sich jedoch in den verschiedenen Jahrgängen der technischen Zeitschriften des In- und Auslandes zerstreut, sodaß es dem entwerfenden Baumeister nicht leicht ist, sich schnell ein Urteil über die üblichen Konstruktionen zu bilden und für den gegebenen Fall die nach dem heutigen Stande der Erfahrung geeignetste Ausführungweise zu wählen.

Unsere Ingenieure befassen sich aus diesem Grunde, falls sie nicht bereits mit der Anwendung der Feuerschutzmittel von Eisenkonstruktionen vertraut sind, nicht gern mit einer Erörterung hierüber, sodaß vielfach Eisenkonstruktionen auch in solchen Fällen ungeschützt bleiben, wo es aus Sicherheitsgründen geboten wäre, sie gegen die Einflüsse von Feuer zu schützen. Aus dem gleichen Grunde werden zuweilen Schutzmittel und Ausführungsarten gewählt, die nicht als zweckentsprechend bezeichnet werden können. Infolgedessen sind bei Bränden manchmal Erscheinungen aufgetreten, die ein gewisses Mißtrauen gegen die Verwendung der Eisenkonstruktionen und ihrer Schutzmittel hervorgerufen haben.

Diesem Mißtrauen entgegenzuwirken und dadurch die Anwendung von Eisenkonstruktionen, die im allgemeinen wirtschaftlichen

Interesse liegt, nach Möglichkeit zu unterstützen, ist der Wunsch der oben genannten Verbände.

In einer Besprechung von Vertretern dieser Verbände wurde es als empfehlenswert erachtet, eine Schrift herauszugeben, welche eine Übersicht der gebräuchlichen Feuerschutzmittel bietet und in einer Anzahl von Beispielen dem entwerfenden Ingenieur die Anwendung dieser Mittel erläutert.

Es wurde sodann beschlossen, einen Ausschuß zu bilden, um die Herausgabe des Sammelwerkes vorzubereiten, und zur Teilnahme an dessen Arbeiten auch Vertreter der deutschen Berufsfeuerwehren einzuladen; andere Interessenten zuzuziehen, wurde dem vorläufig zu bestellenden Ausschuß überlassen.

Der in dieser Weise aus Vertretern der 3 Verbände und der Berufsfeuerwehren gebildete Ausschuß stellte nach den Entwürfen des Verfassers einen Plan für das herauszugebende Buch auf und legte ihn im April 1902 einem größeren Ausschuß, zu dem auch Vertreter der Fabriken feuerfester Materialien sowie der Feuerversicherungsgesellschaften hinzugezogen wurden, vor. Der Plan wurde genehmigt und ein Arbeitsausschuß aus Vertretern der 3 Verbände, der Berufsfeuerwehren und der Feuerversicherungsgesellschaften gewählt, welcher den Verfasser bei der Beschaffung von Material für das Sammelwerk unterstützte.

Das Buch umfaßt sechs Abschnitte. In den Abschnitten I bis IV werden allgemeine Gesichtspunkte behandelt, welche lediglich dahin zielen, die Zweckmäßigkeit der Verwendung von Eisen zu Bauzwecken sowie die Notwendigkeit darzutun, in vielen Fällen Feuerschutzmittel anzuwenden.

Abschnitt V, „Muster und Beispiele", behandelt an der Hand einer größeren Zahl von Beispielen die Mittel und Wege zur Herstellung des Feuerschutzes für Eisenkonstruktionen, wie sie in der Praxis üblich sind.

Abschnitt VI ergibt in tabellarischer Übersicht die Kosten der behandelten Feuerschutzmittel.

Stellenweise, wie z. B. bei dem Teile „Feuersichere Decken" erschien es zum besseren Verständnis unerläßlich, außer der Beschreibung der Feuerschutzkörper auch Hinweise auf ihre in konstruktiver Hinsicht wichtigen Merkmale zu geben und damit ein wenig über das eigentliche Thema hinauszugehen.

Der Verfasser hat sich bestrebt, in die Abhandlung nur möglichst bewährte Feuerschutzmittel aufzunehmen; über ihr Verhalten bei

Brandproben und im wirklichen Brandfalle ist, soweit hierfür Unterlagen zu Gebote standen, das Erforderliche angeführt.

Bei der Beschaffung der Unterlagen ist der Verfasser von öffentlicher wie privater Seite in jeder Hinsicht unterstützt worden. Im wesentlichen sind hier aufzuführen: die Direktionen der Feuerwehren und die Baupolizeibehörden der größeren deutschen Städte, mehrere Feuerversicherungsgesellschaften, das British Fire Prevention Committee zu London, eine große Zahl von Fabriken, welche Feuerschutzmittel herstellen, und Erfinder feuersicherer Konstruktionen. Da es nicht möglich gewesen ist, alle Zuschriften und Auskünfte einzeln zu beantworten, so sei ihnen allen an dieser Stelle für ihre tatkräftige Unterstützung der Dank des Verfassers ausgesprochen. Hervorgehoben mag noch werden, daß der Vorsitzende des Arbeitsausschusses, Herr Professor Krohn, Direktor der Gutehoffnungshütte, Sterkrade, der von Anfang an die sämtlichen Ausschußberatungen leitete, durch rege Mitwirkung bei der Aufstellung des dem Buche zugrunde liegenden Planes und bei der Sammlung von Quellenmaterial, sowie durch die Übernahme der mit der Durchsicht des Manuskriptes verbundenen Arbeiten an dem Entstehen und der Ausarbeitung des Buches hervorragenden Anteil genommen hat.

Hamburg, 1904.

H. Hagn.

Inhaltsverzeichnis.

*) Die hier angeführten Decken sind näher beschrieben und durch Skizzen erläutert; nicht aufgeführt sind an dieser Stelle die bei der Beschreibung unter Hinweis auf Quellenmaterial nur erwähnten Decken.

Einleitung: Vorzüge des Eisens vor dem Holz bei der Verwendung zu Bauzwecken.

Von den zu Bauzwecken Verwendung findenden deutschen Holzarten kommen unter den Laubhölzern hauptsächlich das Eichenholz, unter den Nadelhölzern das Fichten- und Kiefernholz in Betracht. Eichenholz verwendet man im allgemeinen zu Stützen, die Nadelhölzer dagegen meist zu Unterzügen, Deckenbalken, Dachhölzern usw. In neuerer Zeit wird zu Tragkonstruktionen auch vielfach das amerikanische pitch-pine Holz benutzt.

In Baukonstruktionen findet Walzeisen die ausgedehnteste Verwendung für Unterzüge, Deckenträger und Dachbinder. Eiserne Stützen werden sowohl in Walzeisen als auch in Gußeisen ausgeführt.

Eisen besitzt als Konstruktionsmaterial vor Holz bedeutende Vorzüge, die vor allem darin begründet sind, daß es hoch beansprucht werden kann; bei gleichen Belastungen und Spannweiten dürfen infolge dessen die Querschnittsabmessungen wesentlich kleiner sein als bei Holz.

Das läßt sich in mancher Hinsicht nutzbringend verwerten. So können unter sonst gleichen Verhältnissen Zwischendecken mit Eisenträgern in geringerer Konstruktionshöhe ausgeführt werden, als mit Holzbalken. Ein Bauwerk mit vielen Stockwerken läßt sich hiernach mit eisernen Deckenträgern in geringerer Gesamthöhe ausführen als mit Holzbalken, vorausgesetzt, daß die lichten Geschoßhöhen in beiden Fällen die gleichen sind. Dieser Vorteil tritt mehr hervor, wenn die einzelnen Decken große Spannweiten haben, weil dann der Unterschied in der Balkenhöhe ein größerer ist als bei Decken mit kleinen Spannweiten.

Auch gestattet die höhere zulässige Beanspruchung des Eisens größere Spannweiten, mithin bei ausgedehnten Räumlichkeiten größere

Achsenteilung, wodurch die Zahl der Stützen vermindert wird. Mit der Verringerung der Stützenzahl ist aber gleichzeitig der Vorteil großer Bewegungsfreiheit, guter Übersichtlichkeit und möglichster Raumausnutzung verbunden.

Ferner lassen sich auch die erforderlichen Licht- und Luftöffnungen eines in Eisen konstruierten Gebäudes bequemer und in größeren Abmessungen ausführen als in Holz.

Neben der größeren Festigkeit besitzt das Eisen längere Haltbarkeit als das Holz. Letzteres ist, wie alle organischen Substanzen, einer mehr oder minder schnellen Zersetzung unterworfen, die ihren Grund hauptsächlich darin hat, daß es den Angriffen der verschiedensten Pilze, Mikroorganismen und Tiere ausgesetzt ist, während Eisen, sofern es gegen Rost genügend geschützt wird, nach den heutigen Erfahrungen fast unbegrenzte Lebensdauer besitzt.

Zuungunsten des Eisens wird wohl angeführt, daß vermöge seiner hohen Wärmeleitungsfähigkeit eiserne Träger und Stützen, die ununterbrochen durch mehrere Räumlichkeiten hindurchgehen, geeignet sind, durch Wärmeübertragung Feuer von einem Raum zum andern hinüberzuführen. Diese Gefahr ist nicht zu verkennen, allzuhohe Bedeutung ist ihr aber, wie die Erfahrung gelehrt hat, nicht beizumessen.

Bei Holz findet diese Wärmeübertragung nicht statt, da es ein schlechter Wärmeleiter ist; es besitzt aber den Nachteil, daß es selber brennbar ist, also dem Feuer Nahrung bietet. Stark ausgetrocknetes Holz entzündet sich bereits bei ziemlich niedriger Temperatur und kann dadurch die Ausbreitung eines im Entstehen begriffenen Brandes in gefahrbringender Weise fördern.

Eisen wird von einem unbedeutenden Feuer nicht wesentlich beeinflußt. Ist daher in einem Raum die Menge des brennbaren, vom Feuer ergriffenen Stoffes nicht groß, sodaß die Glut nicht zu heftig wird, so brennt der Raum aus. Weiterer Schaden am Bauwerk wird in der Regel nicht angerichtet.

Einen wesentlichen Vorzug vor Holz besitzt das Eisen insofern noch, als es infolge der Gleichmäßigkeit seines Gefüges größere Sicherheit bei der Berechnung der einzelnen Konstruktionsteile gewährt, wodurch eine bessere Materialausnutzung ermöglicht wird. Auch lassen sich die Verbindungen der einzelnen Teile bei Eisen sauberer und zuverlässiger herstellen als bei Holz.

Für Tragkonstruktionen ist somit das Eisen auch in rechnerischer und konstruktiver Hinsicht dem Holze überlegen.

I. Verhalten von Guss- und Walzeisen sowie von Holz und Stein bei Bränden.

Trotz der im Vorigen angeführten guten Eigenschaften des Eisens ist die Frage, ob bei wichtigeren Bauten Holz oder Eisen zu verwenden sei, lange Zeit hindurch umstritten gewesen. Auch heute noch entscheidet man sich manchmal zugunsten des Holzes, weil man ihm zuschreibt, daß es dem Feuer länger zu widerstehen vermag als Eisen. Diese Eigenschaft ist für Tragkonstruktionen von außerordentlich hoher Bedeutung; denn je länger diese der verheerenden Flammenwirkung widerstehen und tragfähig bleiben, um so wirkungsvoller gestaltet sich der Angriff der Feuerwehr auf das Feuer, um so gefahrloser und erfolgreicher sind die Rettungs- und Bergungsarbeiten.

Wesentliche Aufklärungen über die Frage, ob Holz oder Eisen im Feuer widerstandsfähiger sei, haben Versuche gebracht, die im Auftrage des Hamburger Senats in den Jahren 1892/93 und 1895 mit belasteten hölzernen und eisernen Speicherstützen im Feuer angestellt wurden[*]. Gleichwertige Versuche mit eisernen Stützen sind auch anderweitig mehrfach ausgeführt worden[**].

Nach Versuchen der technischen Versuchsanstalt Charlottenburg hat sich ergeben, daß bei Temperaturerhöhung bis zu 50^0 C. die Festigkeit des Flußeisens zunächst abnimmt, dann aber beträchtlich wächst bis zu etwa 300^0 C., um hierauf schnell zu fallen (bis etwa auf $50\,{}^0/_0$ bei 500^0 C.).

---

[*] Vergleichende Versuche über die Feuersicherheit von Speicherstützen, Hamburg, Verlag von Otto Meißner, Hamburg, 1895;
ferner in demselben Verlag:
Vergleichende Übersicht über die Feuersicherheit gußeiserner Speicherstützen. 1897.
Kurze Wiedergabe dieser Versuche ist enthalten in der Deutschen Bauzeitung, 1897, S. 232ff. u. S. 242ff.

[**] Vgl. u. a. „Über die Widerstandsfähigkeit auf Druck beanspruchter eiserner Baukonstruktionsteile bei erhöhter Temperatur von M. Möller u. R. Lühmann, Berlin, 1888. — „Publications of the British Fire Prevention Committee" No. 11, betr. Versuche in Brooklyn (U. S. A.).
Vergl. auch: Mitteilungen aus dem Mechanisch-technischen Laboratorium der Kgl. Technischen Hochschule in München von Bauschinger: „Über das Verhalten gußeiserner, schmiedeeiserner und steinerner Säulen im Feuer (1. Reihe), 1885, Heft 12 XIII und (2. Reihe) 1887, Heft 15 XVIII."

Temperaturerhöhungen über ein gewisses Maß hinaus verursachen bei Walzeisen Ausbiegungen, die in der Regel allmählich, manchmal auch sehr plötzlich zunehmen und schließlich den Zusammenbruch zur Folge haben. Gußeisen, das infolge seiner geringen Zugfestigkeit starke Ausbiegungen nicht verträgt, wird rissig und brüchig und fällt dann ebenfalls zusammen.

Die dauernde Tragfähigkeit sowohl des Flußeisens wie des Gußeisens dürfte bei etwa 500° C. erschöpft sein.

Die Dauer bis zum Eintritt der Tragunfähigkeit richtet sich nach der Lebhaftigkeit des Feuers und schwankt daher sehr. Allgemein ist sie bei Gußeisen etwas größer als bei Walzeisen. Bei den Versuchen in Hamburg stellte sich heraus, daß bei sehr rascher Erwärmung die Widerstandsfähigkeit der gewählten Walzeisenstützen bereits nach einer Viertelstunde, diejenige von dickwandigen Gußstützen nach etwa einer halben Stunde erschöpft war. Wenn auch diese Ergebnisse offenbar zu bestimmten Schlüssen über die Widerstandsdauer des Eisens im wirklichen Brandfalle nicht berechtigen, so ist aus ihnen doch ohne weiteres zu entnehmen, daß die Zeit vom Ausbruch des Feuers bis zum Einsturz der eisernen Bauteile in ungünstigen Fällen sehr kurz sein kann. Dies wird namentlich der Fall sein, wenn die Querschnittsabmessungen gering und die Querschnittsbildungen für den Angriff des Feuers besonders günstige sind.

Äussere Anzeichen der abnehmenden Widerstandsfähigkeit im Feuer sind bei Eisen nicht bemerkbar; höchstens weisen Verbiegungen sowie die schwache Rotglut, die aber im Brandfalle schwer zu erkennen sein dürfte, auf den nahe bevorstehenden Einsturz hin.

Holz kommt bei einer wesentlich niedrigeren Temperatur als 500° C., d. i. derjenigen Temperatur, bei welcher auf genügende Tragfähigkeit des Eisens nicht mehr zu rechnen ist, bereits zur Entzündung. Die Entzündung erfolgt unter mehr oder weniger starker Flammenbildung, die sich nach der Holzart richtet und die Temperatur durch die Verbrennung erhöht. Die Verbrennung pflanzt sich unter Bildung der sogenannten Brandkruste allmählich von außen nach innen fort. Die Zeitdauer bis zum Eintritt der Tragunfähigkeit ist verschieden; sie richtet sich nach der Lebhaftigkeit des Feuers und der Holzart. Bei Eichenholz ist sie größer als bei Nadelholz, weil ersteres härter und weniger leicht entflammbar ist. Das aber haben die Versuche und Brandfälle ergeben, daß Holzstützen mit großen Querschnitten ihre Tragfähigkeit bedeutend länger bewahren als ungeschützte Eisenkonstruktionen, besonders solche mit kleinen, sperrigen Querschnitten.

Es ist einerseits anzunehmen, daß die Brandkruste des Holzes, besonders wenn sie reichlich mit Wasser besprizt wird, schützend wirkt und das Vordringen der Verbrennung zum Kern aufhält. Andererseits ist bekannt, daß die unterhalb der Brandkruste befindlichen, nicht verkohlten Holzteile durch die Wärmewirkung nicht mehr dieselbe Festigkeit besitzen, wie unversehrtes Holz, weil durch die Wärmewirkung der von der Brandkruste eingehüllte Kern einer Art Trockendestillation unterworfen wird und dadurch eine Änderung in seiner Zusammensetzung erleidet.

An dieser Stelle mögen noch einige Angaben über das Verhalten steinerner Tragkonstruktionen im Feuer Erwähnung finden, die im Bauwesen ebenfalls häufig verwendet werden.

Wie durch die Erfahrungen festgestellt ist, sind die aus künstlichen Steinen hergestellten Konstruktionen inbezug auf Feuersicherheit den hölzernen und eisernen überlegen. Aus bestem Klinkermauerwerk in Zementmörtel hergestellte Stützen z. B. leiden im Feuer so gut wie gar nicht, solche aus gut gebrannten Ziegelsteinen sind ebenfalls als genügend feuersicher zu betrachten, da sie im Brandfalle nur an der Oberfläche Zerstörungen erleiden, die bei besonders heftigem Feuer sich bis zur Tiefe etwa eines viertel Steines ausdehnen können.

Als nicht zuverlässig im Feuer sind die meisten natürlichen Gesteine zu betrachten, die für Säulen, Konsolen, Treppenstufen, Podeste, Fensterstürze usw. ausgedehnte Verwendung finden. Steine, die Kohlensäure enthalten, wie Kalksteine und Dolomite, Sandsteine, bei denen Kalk oder Mergel das Bindemittel bilden, erleiden im Feuer eine chemische Veränderung durch Entweichen von Kohlensäure, wodurch Zerstörung dieser Gesteinsarten herbeigeführt wird. Granit und Syenit werden durch Feuer leicht zerstört und springen leicht, wenn sie im erhitzten Zustande vom Wasserstrahl der Feuerspritze getroffen werden. Sandsteine dagegen, die quarzige Bindemittel enthalten, sind als feuersicher zu betrachten.

Obige Darlegungen über das Verhalten von Steinkonstruktionen im Feuer sind auch bei dem großen Brande in Baltimore im Februar 1904 vollkommen bestätigt worden.

Aus den vorstehenden Betrachtungen über das Verhalten der drei Baustoffe: Eisen, Holz und Stein im Feuer ergibt sich, daß hinsichtlich der Feuersicherheit Konstruktionen aus künstlichen Steinen am zuverlässigsten sind, solche aus Holz und ungeschütztem Eisen dagegen ungenügende Widerstandsfähigkeit besitzen. Die Ausführung von steinernen Konstruktionen ist aber in sehr vielen Fällen wegen

ihrer meist bedeutenden Querschnittsabmessungen und wegen des dadurch bedingten erheblichen Eigengewichts untunlich.

Um nun dem Eisen wegen seiner guten Eigenschaften die ausgedehnteste Verwendung zu verschaffen, ist man seit einer Reihe von Jahren dazu übergegangen, die tragenden und stützenden Eisenkonstruktionen durch unverbrennliche, die Wärme schlecht leitende Ummantelungen gegen die Flammen zu schützen. Seitdem durch Brandproben und bei wirklichen Brandfällen die aus der Ummantelung der Eisenkonstruktionen sich ergebenden Vorteile erkannt worden sind, ist es gebräuchlich geworden, die Eisenteile, sofern sie vor Feuer geschützt werden sollen, zu ummanteln.

IIa. Gefährdung der Umfassungsmauern von Bauwerken infolge fester Verbindungen der Eisenkonstruktion mit dem Mauerwerk und Mittel, um dieser Gefahr zu begegnen.

Werden ungeschützte eiserne Träger, z. B. Unterzüge oder Deckenträger, mit den Umfassungsmauern eines Gebäudes verankert, so kann der Bestand des Mauerwerks im Brandfalle in zweifacher Hinsicht gefährdet werden.

Die erste Gefahr liegt in der durch die Wärme hervorgerufenen Längenausdehnung der Träger. Sie beträgt für Walzeisen auf je 100° C. Temperaturerhöhung etwa $1/_{840}$ der ursprünglichen Länge, mithin bei einer Temperatur von 500° C. $1/_{168}$ oder rund $6/_{1000}$ der Länge bei gewöhnlicher Temperatur. Sind die Träger sehr lang, so kann ihre Ausdehnung so beträchtlich werden, daß sie im Brandfalle die Umfassungsmauern nach außen drücken oder durchstoßen.

Übersteigt die Erwärmung die Temperatur von 500° C., so darf angenommen werden, daß weiteres Hinausschieben der Mauern nicht stattfindet, weil der Träger sich dann stark durchbiegen und schließlich zusammensinken wird. Hierin liegt aber die zweite Gefahr für die Umfassungsmauern. Der zusammensinkende Träger zieht die Mauern, mit denen er verankert ist, nach innen und bringt sie unter Umständen zum Einsturz.

Bei Gebäuden, die brennbare Stoffe nicht oder nur in ganz geringem Umfange enthalten, wie z. B. Maschinenwerkstätten mit massiven Decken, geben die Verankerungen der eisernen Balkenlagen, auch wenn diese ungeschützt sind, zu Bedenken keinerlei Veranlassung, da bei derartigen Bauten das Eintreten einer die

Umfassungsmauern gefährdenden Erhitzung der Träger nicht zu befürchten ist.

Bei Gebäuden, die brennbare Stoffe in größeren Mengen enthalten, ist beiderseitige Verankerung der eisernen Träger mit den Umfassungsmauern dann unbedenklich, wenn die die Verankerung zweier gegenüberliegender Umfassungsmauern vermittelnden, eisernen Unterzüge und Balken feuersicher ummantelt sind und die Trägerlänge ein gewisses Maß — 15 bis 20 m — nicht überschreitet.

Bei einem solchen Träger wird nämlich, vorausgesetzt daß die Ummantelung sachgemäß ausgeführt ist, die bei einem Brande auftretende Hitze vom Eisen derart abgehalten, daß seine Ausdehnung unbedeutend bleibt. Geringen Längenänderungen wird aber das Mauerwerk vermöge seiner Elastizität, ohne zerstört zu werden, folgen können.

Überschreitet der Abstand zweier gegenüberliegender Mauern eines Gebäudes das angegebene Maß von 20 m, so ist eine gegenseitige Verankerung unter Vermittelung der Eisenträger, selbst wenn diese ummantelt sind, nicht mehr unbedenklich. In solchen Fällen ist die Anwendung besonderer Konstruktionen zur Erzielung der erforderlichen Standsicherheit anzuraten; von diesen mögen im folgenden einige aufgeführt werden:

1. Man macht die Mauern für sich standsicher (gegen Winddruck u. s. w.), sodaß sie einer gegenseitigen Verankerung nicht bedürfen. Diese Ausführungsart wird im allgemeinen nur bei einstöckigen Gebäuden durchführbar sein. In diesem Falle müssen die Binder, Unterzüge und Träger derart aufgelagert werden, daß sie sich frei ausdehnen können, sie dürfen also nur an ihrem einen Ende verankert werden. Es müssen dann aber auch die mit den Bindern fest verbundenen Teile sich mit diesen unabhängig von den den Mauern frei bewegen können.

2. Man macht die Eisenkonstruktion für sich standsicher und verwendet Mauerwerk nur zur Ausfüllung der durch das Eisengerippe gebildeten Felder. Bauten dieser Art sind unter der Bezeichnung Eisenfachwerksbauten bekannt.

Das Mauerwerk, welches zur Ausfüllung der durch die eiserne Wandkonstruktion gebildeten Felder dient, macht die durch Temperaturänderungen bedingten Bewegungen der Eisenkonstruktion mit, ohne dadurch schädlich beeinflußt zn werden.

3. Die unter 1. genannte Anordnung wird sehr kostspielig, wenn es sich um hohe Gebäude mit mehreren Stockwerken handelt, da alsdann die Mauern ohne Halt durch die Konstruktion der

Zwischendecken, also auf große Höhe freistehend, standsicher gegen Windruck usw. ausgebildet werden müssen.

Für solche Fälle ist es ratsam, die Eisenkonstruktion des Bauwerks nicht als ein in sich geschlossenes Ganzes auszubilden, sondern sie in mehrere voneinander unabhängige Systeme aufzulösen.

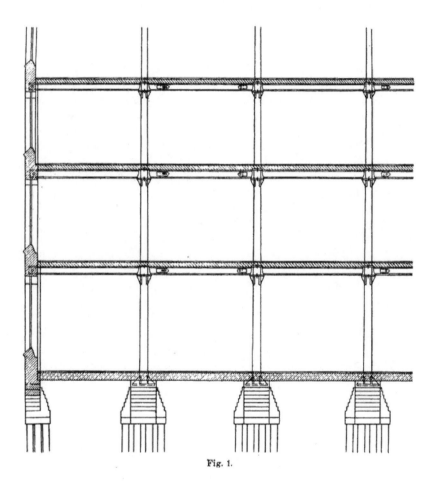

Fig. 1.

Diejenigen dieser Teilsysteme, die mit den Umfassungsmauern nicht in Berührung kommen, werden in sich standsicher ausgebildet. Die an die Umfassungsmauern heranreichenden Teilsysteme dagegen werden mit diesen durch Verankerung verbunden. Sie werden ent-

weder in sich oder erst im Zusammenhang mit den Umfassungsmauern standsicher gemacht.

In der Richtung senkrecht zu den Umfassungsmauern sollen die
die Mauerabstützung bewirkenden Teilsysteme nicht zu große Abmessungen erhalten.

Die Unterzüge und Träger, welche die Verbindung zwischen
den einzelnen Teilsystemen herstellen, müssen verschieblich aufgelagert werden.

Figur 1 zeigt die Ausführung eines mehrgeschossigen Bauwerks mit mehreren Teilsystemen. Die Umfassungsmauer, die

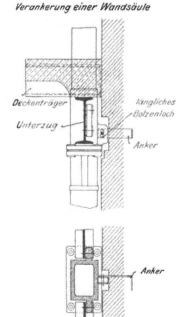

Fig. 2 u. 3.

mit ihr verankerten Unterzüge und die mit diesen fest verbundene
erste Säulenreihe werden durch die massiven als Horizontalträger
wirkenden Decken zu einer in sich standsicheren Konstruktion verbunden. Das nächste in sich standfeste Teilsystem wird aus den
beiden folgenden, durch die Unterzüge miteinander in feste Ver-

bindung gebrachten Säulenreihen gebildet. Beide Teilsysteme sind durch längsverschiebliche Unterzüge, die in die überstehenden Enden der Unterzüge der beiden Teilsysteme gelagert sind, in lose Verbindung miteinander gebracht.

Für den Fall, daß die Umfassungsmauern nicht mit den wagerechten Trägern, sondern mit Wandsäulen verankert werden sollen, müssen die Verankerungen so angeordnet werden, daß sie eine Längenänderung der Säulen zulassen. Zu dem Zwecke sind die Löcher für die Bolzen, welche Anker und Wandsäulen miteinander verbinden, in senkrechter Richtung schlitzartig zu machen, wie an einem Beispiele in Figur 2 und 3 gezeigt ist.

IIb. Erfordert die Rücksicht auf Feuersgefahr besonderen Schutz der Eisenkonstruktionen gegen elektrischen Starkstrom?

Zur Beurteilung der Frage, ob die Eisenkonstruktionen eines Gebäudes in Rücksicht auf die durch elektrischen Starkstrom drohende Feuersgefahr besonderen Schutzes bedürfen, muß man die näheren Umstände kennen, die bei der Benutzung von Starkstrom zu Brandgefahr Veranlassung geben können. Diese Gefahr wird einerseits durch die stromerzeugenden und stromverbrauchenden Maschinen und Apparate, andererseits durch die Leitungen verursacht.

Die durch die letzteren drohende Gefahr ist bei weitem die größere, weil Fehler in der Leitung bezw. Beschädigungen nicht immer sofort entdeckt werden, während Maschinen und Apparate im allgemeinen unter ständiger Aufsicht sind, Unregelmäßigkeiten an ihnen daher meist bald bemerkt werden, sodaß rechtzeitig die nötigen Maßregeln gegen Unfälle ergriffen werden können.

In den elektrischen Leitungen können Unregelmäßigkeiten, die im allgemeinen Erhitzung, unter Umständen bis zum Erglühen und bis zum Durchbrennen, zur Folge haben, auf verschiedene Weise zustandekommen. Wie bekannt, wird in jedem Leiter ein Teil des durchfließenden Stromes in Wärme umgesetzt, und zwar ist die in einem stromführenden Leiterstück in der Zeiteinheit entwickelte Wärmemenge dem Quadrat der Stromstärke und dem Widerstande des Leiterstückes proportional.

In einer richtig geplanten und ausgeführten elektrischen Anlage kommen gefährliche Überhitzungen von Leitungsabschnitten nicht vor, so lange alles normal ist. Jedes Leitungsstück ist nach Material und Abmessungen der Stromstärke, welche es zu führen bestimmt ist,

derart angepaßt, daß eine schädliche Überhitzung durch den Betriebs-
strom ausgeschlossen ist.

Die Verhältnisse ändern sich dagegen, sobald irgend welche
Störungen im Betriebe einer elektrischen Anlage eintreten. Solche
können, wie aus dem oben angeführten Zusammenhange zwischen
Stromstärke, Widerstand und Wärmeentwicklung hervorgeht, auf
zweierlei Weise zustandekommen: einmal, indem sich die Stromstärke ändert, dann, indem sich der Widerstand irgend eines Teiles
der Leitungsanlage ändert, und zwar kann eine Erhöhung des
Widerstandes an bestimmter Stelle bei gleichbleibender oder zu-
nehmender Stromstärke eine gefährliche Überhitzung mit sich
bringen.

Eine Erhöhung der Stromstärke bei ungeändertem Widerstande kann durch das Ansteigen der elektromotorischen Kraft der
Stromquelle oder durch gleichzeitiges Einwirken einer fremden oder
der Anlage selbst angehörigen weiteren elektromotorischen Kraft
erfolgen.

Der erste Fall, das Ansteigen der elektromotorischen Kraft der
Stromquelle, kann durch plötzliche Veränderung der Umdrehungszahl
der stromerzeugenden Dynamomaschinen oder durch fehlerhafte
Handhabung der Schaltungen, Nebenschlußregulatoren der Dynamos
u. a. hervorgerufen werden und erscheint im ganzen ziemlich ausgeschlossen.

Die zweite Möglichkeit: das gleichzeitige Einwirken einer weiteren
elektromotorischen Kraft, ist immer gegeben, wo Hoch- und Nieder-
spannungsanlagen miteinander in Berührung geraten können. Diese
Möglichkeit auszuschließen, ist eine wichtige Aufgabe für Entwurf
und Ausführung elektrischer Anlagen aller Art, und ihre ungenügende
Erfüllung ist nicht selten die Ursache von Brandunfällen.

Am häufigsten jedoch tritt eine gefahrbringende Erhöhung der
Stromstärke durch den sog. Kurzschluß ein. Letzterer entsteht dadurch, daß zwei Punkte eines Leitungsnetzes durch einen Widerstand mit einander in Berührung kommen, welcher kleiner ist, als
der hinter dem Berührungspunkt liegende Nutzwiderstand der ein-
geschalteten Lampen, Motoren usw. Die Folge eines solchen
Kurzschlusses ist meist hohe Erwärmung der betreffenden Leitung,
häufig aber auch das Entstehen eines mehr oder minder beträcht-
lichen Lichtbogens an der Kurzschlußstelle.

Eine Erhöhung des Widerstandes bei gleichbleibender oder
veränderter Stromstärke kann auf verschiedene Art und Weise zustandekommen. Die gefährlichste Form bildet der Fall, daß die

stromführende Leitung an irgend einer Stelle unterbrochen wird, die beiden Enden einander aber so nahe bleiben, daß zwischen ihnen ein Lichtbogen überspringen kann. Dieser Fall kann beispielsweise eintreten, wenn der Querschnitt eines stromführenden Leitungsstückes sich aus irgend einem Grunde — mechanisches Abscheuern, chemische Angriffe usw. — allmählich so verringert hat, daß er durch die steigende Wärmeentwicklung schmilzt und so eine das Überspringen des Lichtbogens ermöglichende Unterbrechungsstelle erzeugt.

Es fragt sich nun, ob diese durch die geschilderten Einflüsse entstehenden Hitzewirkungen den Eisenkonstruktionen eines Gebäudes derart gefährlich werden können, daß sie dieselben zerstören. Leitungen werden häufig an eisernen Säulen und Trägern entlang geführt. Ein einmal entstandener Lichtbogen wird das Bestreben zeigen, auf das benachbarte Eisen überzuspringen, sodaß dem Strom ein bequemer Ausweg geschaffen wird; im ungünstigsten Falle wird dann der Lichtbogen, der sehr beträchtlich werden kann und außerordentlich hohe Temperatur besitzt, in kurzer Zeit weitgehende Zerstörung anrichten können.

Die Gefahr ist aber nicht so groß, wie sie auf den ersten Blick scheinen mag. Für feuersicher ummantelte Konstruktionen ist sie überhaupt nicht vorhanden. Aber auch bei ungeschützten Konstruktionen ist sie, wenn die Leitungen sachgemäß und nach Vorschrift ausgeführt und verlegt sind, als ausgeschlossen zu betrachten. Bestimmungen über Beschaffenheit und Verlegung der Leitungen sind in den vom „Verbande Deutscher Elektrotechniker" herausgegebenen „Vorschriften für die Errichtung von elektrischen Starkstromanlagen", die in Deutschland allgemein Gültigkeit haben, enthalten. Die Vorschriften sind unter gründlicher Erwägung aller durch den elektrischen Starkstrom bedingten Gefahren, besonders auch der Feuersgefahr, aufgestellt und verfolgen einen doppelten Zweck: Sie sollen sowohl das Entstehen einer Betriebsveränderung, beispielsweise plötzliches Anwachsen der Stromstärke oder starkes Anwachsen des Widerstandes, überhaupt verhindern oder doch eine einmal entstandene Störung so rasch wie möglich beseitigen.

Zur Erreichung des ersteren Zweckes hat man zunächst die Bestimmung getroffen*), daß alle Leitungen auch nach der Verlegung derart zugänglich sind, daß sie jederzeit geprüft und ausgewechselt

---

*) Die nachstehenden Angaben sind zum Teil wörtlich den „Vorschriften für die Errichtung von elektrischen Starkstromanlagen" entnommen.

werden können. Zur Befestigung sollen Isolatoren aus feuersicherem Material, Porzellan, Glas usw. verwendet werden, die Verlegung in hölzernen Leisten ist untersagt, unverbrennliche Isolierrohre dürfen verwendet werden.

Soweit festverlegte Leitungen der mechanischen Beschädigung ausgesetzt sind oder soweit sie im Handbereich liegen, müssen sie durch Verkleidungen geschützt werden, die so hergestellt sein sollen, daß die Luft frei durchstreichen kann.

Die Verbindung von Leitungen untereinander sowie die Abzweigung der Leitungen geschieht mittels Lötung, Verschraubung oder gleichwertiger Verbindung. Ein einfaches Umeinanderschlingen der Drähte ist unstatthaft.

Besonderes Augenmerk ist bei isolierten Leitungen auf gute Beschaffenheit und Dauerhaftigkeit der Isolation zu richten. Insbesondere ist an Verbindungen oder Abzweigungen von isolierten Leitungen darauf zu achten, daß die Verbindungsstellen in einer der sonstigen Isolierung möglichst gleichwertigen Weise isoliert werden.

Damit die Möglichkeit der gegenseitigen Berührung von Leitungsdrähten verhütet wird, sollen die Drähte einen bestimmten Mindestabstand von einander haben. Der Abstand der Drähte von Gebäudeteilen, Wänden, Eisenkonstruktionen usw. soll für isolierte Leitungen bei Nieder- und Mittelspannungsanlagen mindesten 10 mm, bei blanken Leitungen mindestens 10 cm betragen. Bei Hochspannungsanlagen, d. i. solchen Anlagen, bei denen die effektive Spannung zwischen irgend zwei Leitungen 1000 Volt oder mehr beträgt, wird diese Vorschrift dahin verschärft, daß der Abstand sowohl bei Verwendung isolierter, als auch blanker Leitungen mindestens 10 cm betragen soll.

Der Erreichung des zweiten Zweckes der erwähnten Vorschriften, nämlich der schleunigen Beseitigung entstandener Störungen, dienen die in die elektrischen Leitungen eingelegten Sicherungen. Diese, meist aus Blei oder leicht schmelzbaren Legierungen bestehend, schmelzen durch, sobald die Stromstärke in der Leitung, in welche sie eingelegt sind, eine gefahrbringende Höhe annimmt. Statt dieser Schmelzsicherungen werden auch andere selbsttätige Stromunterbrecher benutzt.

Die Vorschrift verlangt, daß außer den neutralen oder Nullleitungen bei Mehrleiter- und Mehrphasensystemen sowie den betriebsmäßig geerdeten blanken Leitungen sämtliche von einer Schalttafel nach den Verbrauchsstellen führenden Leitungen mit Sicherungen

versehen werden sollen. Weiterhin sollen für Anlagen in Innen-
räumen Sicherungen an allen Stellen angebracht werden, wo sich
der Querschnitt in der Richtung nach der Verbrauchsstelle hin verringert. Es ist jedoch gestattet, mehreren Verteilungsleitungen eine
gemeinsame Sicherung zu geben, sobald deren gesamte Betriebs-
stromstärke 6 Ampere nicht übersteigt.

Die Abschmelzstromstärke einer Sicherung soll höchstens das
doppelte ihrer Normalstromstärke betragen.

Wie ersichtlich, bewirken die Sicherungen infolge ihres Ab-
schmelzens bei Kurzschlüssen usw. eine rasche Abtrennung des
gefährdeten Stromkreises vom Leitungsnetz und von der Maschine,
so daß dieser Teil der Leitung stromlos wird und nun keinerlei
Zerstörungen mehr anrichten kann.

Aus vorstehenden Erläuterungen dürfte hervorgehen,
daß bei genügender Beachtung der bestehenden Vorschriften Eisenkonstruktionen durch elektrische Stark-
stromleitungen, welche an ihnen entlang geführt sind, in
keiner Weise unmittelbar gefährdet werden und somit eines
besonderen Schutzes nicht weiter bedürfen.

Wie zu Beginn des vorliegenden Abschnittes hervorgehoben
wurde, können nicht nur die Leitungen, sondern auch die stromführenden Maschinen und Apparate ihre Umgebung gefährden. Hierher gehören die Dynamomaschinen, Elektromotoren, Umwandler,
Schaltvorrichtungen, Lampen u. a. m. Bei diesen können naturgemäß zunächst sämtliche bei den Leitungen vorkommende Unregelmäßigkeiten und Störungen auftreten. Es kommt aber hinzu, daß
ein großer Teil von ihnen, wie die Kollektoren der Gleichstrom-
dynamos und -Motoren, sowie Umwandler, Aus- und Umschalter,
bereits bei betriebsmäßiger Benutzung mehr oder minder starke
Feuererscheinungen aufweisen, die bei eintretenden Störungen sehr
erheblich werden können.

Doch muß hierzu bemerkt werden, daß — abgesehen von
Bogenlampen — die Feuererscheinungen unter normalen Verhältnissen unbedeutend und meist von kurzer Dauer sind. Auch ver-
bürgt hier die Befolgung der Vorschriften für die Beschaffenheit
und Montierung der Maschinen und Apparate, besonders solcher, die
nicht ständig oder von nicht fachkundigem Personal überwacht
werden, die weitgehendste Sicherheit, so daß von einer den
Eisenkonstruktionen durch Maschinen und Apparate
drohenden unmittelbaren Feuersgefahr ebenfalls nicht
die Rede sein kann.

III a. Bei welchen Anlagen und in welchem Umfange ist es erforderlich, Eisenkonstruktionen gegen Feuersgefahr zu schützen?

Für die Beantwortung dieser Frage können nur allgemeine Gesichtspunkte aufgestellt werden. Da bei einer Temperatur von etwa 500° C. eiserne Stützen ihre Tragfähigkeit nahezu verloren haben, so wird man in jedem einzelnen Falle die Größe der Gefahr nach den gegebenen Verhältnissen abzuschätzen und nach dem Ergebnis dieser Schätzung dann weiter zu entscheiden haben, ob und in welcher Weise die Eisenkonstruktion mit Feuerschutz-Vorrichtungen versehen werden muß.

Folgende drei Punkte werden hierbei in der Regel zu berücksichtigen sein:

1. Die Größe, Lage und Umgebung der Gebäude, also die etwa zu erwartende Ausdehnung des Feuers;
2. die Feuergefährlichkeit des Inhaltes der Räume;
3. die Gefahr für Menschenleben und Waren.

Es lassen sich hiernach die Bauwerke, inbezug auf die Feuersgefahr, etwa in folgende Gruppen zusammenfassen:

a) Mehrstöckige Wohnhäuser ohne Läden.

Bei Beachtung der in den einzelnen Städten geltenden baupolizeilichen Bestimmungen dürfte hier von besonderen Feuerschutz-Vorrichtungen abgesehen werden können, da es in der Regel leicht sein wird, ein etwa ausbrechendes Feuer auf einen kleinen Raum zu beschränken.

b) Mehrstöckige Wohnhäuser mit geräumigen Läden im Erdgeschoß, desgleichen Gasthöfe mit großen Restaurants und Speisesälen in den unteren Stockwerken sollten der darüber befindlichen Wohnungen wegen ausreichend feuersichere Decken über diesen Räumen erhalten.

Eiserne Stützen im Innern solcher Räume sind zu ummanteln. Frontsäulen dagegen bedürfen im allgemeinen der Ummantelung nicht, weil sie der Glut weniger ausgesetzt sind und der Feuerwehr leicht zugänglich bleiben. Wo diese Voraussetzungen nicht zutreffen, sind auch Frontsäulen zu ummanteln.

Eiserne offene Treppen dürfen ohne Ummantelung bleiben, wenn sie nicht zu den in feuerpolizeilicher Hinsicht notwendigen gehören.

Eisenkonstruktionen für Glas- und Hallendächer, Lichthöfe in Waren- und Geschäftshäusern, Bankgebäuden dürfen stets von Um-

mantelungen frei bleiben, wenn sie nicht durch ihre Lage der Zerstörung durch Feuer besonders ausgesetzt sind und wenn nicht eintretendenfalls eine besondere Gefahr für Menschen oder den übrigen Teil des Bauwerks durch ihre Zerstörung hervorgerufen wird.

c) Bei umfangreichen mehrstöckigen Geschäfts-, Kauf- und Warenhäusern neuerer Art sind die Eisenkonstruktionen im Innern, weil Menschenleben und wertvolle Waren auf dem Spiele stehen, bis auf die unter b Abs. 3 und 4 genannten, sowie die unter b Abs. 2 aufgeführten Frontsäulen, stets zu ummanteln.

d) Theater, Zirkusbauten, Versammlungsräume, Ausstellungsgebäude usw. sind entsprechend den bestehenden Polizei-Vorschriften zu behandeln.

e) für mehrgeschossige gewerbliche Anlagen wie Zuckerraffinerien, Mühlenanlagen, die durch den Mühlenstaub und durch Transmissionen, welche durch mehrere Stockwerke gehen, gefährdet sind, Speichergebäude mit wertvollen brennbaren Waren, Werkstätten und Fabrikgebäude mit Feuerstellen, Industriegebäude mit verschiedenen Mietparteien werden die Eisenkonstruktionen in der Regel zu ummanteln sein.

Eingeschossige Werkstätten ohne brennbaren Inhalt, auch mehrgeschossige Werkstattsgebäude, in denen alle Decken massiv ausgebildet und brennbare Stoffe nicht enthalten sind (Maschinenfabriken u. dergl.), bedürfen eines Schutzes der Eisenkonstruktion nicht.

f) Gebäude, gleichgültig welcher Art, die durch ihre Zerstörung die Nachbargebäude in außergewöhnlicher Weise gefährden können, sollen stets ummantelte Eisenkonstruktionen erhalten.

IIIb. Die gesetzlichen und polizeilichen Bestimmungen in den grösseren deutschen Städten über den Schutz von Eisenkonstruktionen gegen Feuer.

Im Sinne des vorigen Abschnittes sprechen sich die im Auszuge folgenden gesetzlichen bezw. polizeilichen Bestimmungen in den größeren deutschen Städten aus, sowohl bezüglich der Art und Bestimmung der Bauanlagen, als auch hinsichtlich des Umfanges des für Eisenkonstruktionen erforderlichen Feuerschutzes. Dabei wird die Forderung der Ummantelung von Eisenkonstruktionen zum Teil auf Grund besonderer, zu diesem Zweck in die Bauordnungen aufgenommener Vorschriften, zum Teil auf Grund allgemeiner Bestimmungen gestellt, welche die Feuersicherheit von Baulichkeiten behandeln.

Auszüge aus den Bauordnungen derjenigen Städte, die besondere Bestimmungen über die Ummantelung von Eisenkonstruktionen enthalten.

„Für Gebäude, welche durch ihren Inhalt, ihre Konstruktion oder Bestimmung besonders feuergefährlich sind, z. B. Warenhäuser, Fabriken, Lager- und Geschäftshäuser, sowie für Gebäude, welche zur Aufnahme einer größeren Anzahl von Menschen bestimmt sind, sind zum Schutze gegen Feuersgefahr sowie behufs Vermeidung plötzlichen Einsturzes im Falle eines Brandes folgende Bestimmungen zu beachten: Aachen, Bau-
polizei-Ordnung
1900. § 47,
Ziffer 1.

a) Belastete Konstruktionsteile aus Eisen, namentlich Stützen und Unterzüge, auch Überdeckungsträger von Öffnungen, Träger in Zwischendecken usw. sind an allen freiliegenden Stellen mit geeigneten, die Wärme schlecht leitenden Materialien derart zu ummanteln, daß eine Temperaturerhöhung dieser Konstruktionsteile bis zur Tragunfähigkeit oder gefahrbringenden Ausdehnung vermieden oder doch längere Zeit hinausgeschoben wird.

Diese Ummantelungen müssen außerdem genügenden Widerstand gegen mechanische Einwirkungen und das Anspritzen besitzen.

Als geeignete Materialien zu solchen Ummantelungen haben sich feuerfeste Tonsteine, Asbest-Kieselguhr, Asbestzement, Korkstein, Monierkonstruktion u. a. m. teils bei Bränden, teils bei Versuchen bewährt.

Zur Sicherung dieser Ummantelungen gegen mechanische Einwirkungen und Anspritzen empfiehlt sich die Anordnung eines Putzes mit Draht- oder sonstiger Metalleinlage oder besser noch die Anordnung von Schutzkästen aus Eisenblech oder mit Eisenblech beschlagenen Holz- oder Xylolithkästen."

„Eine feuersichere Ummantelung der Haupttragkonstruktion mit Ausnahme der Dachkonstruktionen ist für Wohn- und Lagerhäuser immer, für Gebäude, welche zum Betriebe von Gewerbe dienen, aber dann vorzunehmen, wenn diese entweder Obergeschosse besitzen, die zum dauernden Aufenthalte von Menschen bestimmt sind, oder wenn in ihnen größere Vorräte leicht entzündlicher oder schwer löschbarer Stoffe aufbewahrt oder besonders feuergefährliche Verrichtungen betrieben werden sollen. Braunschweig.
Entwurf zu
einem neuen
Ortsbaustatut
§ 59.

Bei eisernen Fachwerksbauten bleiben die äußeren Flächen der in den Wänden liegenden Konstruktionsteile frei."

Cöln, Bau-
ordnung 1901,
§ 17, Ziffer 6. „Freistehende eiserne Stützen und Säulen sowie freiliegende
eiserne Träger und die freiliegenden unteren Flansche der Träger
im Innern von Wohnräumen und Lagergebäuden sowie in Werkstätten müssen, soweit sie zur Standsicherheit der einzelnen Gebäudeteile erforderlich sind, glutsicher umkleidet werden.

Auf freiliegende, eiserne Dachkonstruktionen und auf eingeschossige Gebäude ohne Zwischendecken findet diese Vorschrift
keine Anwendung. Bei der Einmauerung eiserner Träger ist Vor-
sorge zu treffen, daß für die freie Ausdehnung derselben ein Spiel-
raum verbleibt."

Frankfurt a. M.,
Bauordnung
1896/1901. § 20c.
Ziffer 3. „Für umfangreiche Geschäfts- und Fabrikgebäude ist die Bau-
polizei-Behörde befugt, eine feuersichere Ummantelung der Träger
und Stützen vorzuschreiben."

Hannover, Bau-
ordnung 1901.
§ 9, Ziffer 3 und
§ 74, Ziffer 1. „Eiserne Säulen und Träger sind auf Anordnung des Stadt-
polizeiamtes glutsicher zu umkleiden.

Für die Umkleidung von Eisenkonstruktionen werden nur
Materialien zugelassen, deren Glutsicherheit bei amtlich abgehaltenen
Brandproben festgestellt ist.

Die Vorschriften dieser Bauordnung finden den zu Recht bestehenden baulichen Anlagen gegenüber nur soweit Anwendung, als
das ausdrücklich bemerkt ist, oder überwiegende Gründe der öffentlichen Sicherheit oder Gesundheit es unerläßlich und unaufschiebbar
machen.

Bezüglich der Brandproben ist hier noch zu bemerken, daß als
glutsicher nur solche Ummantelungen anerkannt werden, von denen
durch amtliches Prüfungszeugnis nachgewiesen wird, daß sie probe-
weise mindestens eine Stunde lang einem Feuer von mindestens
$1000°$ C. in geschlossenem Raume ausgesetzt und bei voller Glut
vermittels eines Wasserstrahls von 3 Atm. Druck abgelöscht sind,
ohne ihre Isolierfähigkeit durch erhebliche Beschädigungen usw.
wesentlich zu verlieren. Die Bestandteile des Materials und das
Verfahren zur Herstellung der Ummantelung müssen aus dem
Prüfungszeugnis ebenfalls genau zu ersehen sein."

Karlsruhe, Bau-
ordnung § 64
Ziffer 4. „Wenn der ganze Innenbau eines Gebäudes oder größere stark-
belastete Teile desselben vollständig auf freistehenden Eisenkonstruktionen aufgebaut werden sollen, hat eine glutsichere Ummantelung der freiliegenden Eisenteile des Innenbaues stattzufinden."

Lübeck, Ent-
wurf zu einer
neuen Bau-
ordnung. „Eiserne Stützen und Träger, die zum Tragen von Wänden,
Decken, Gewölben oder Treppen dienen, sind auf Erfordern des
Polizeiamtes feuersicher zu ummauern oder mit einer feuersicheren
Ummantelung zu umgeben."

Für mehrgeschossige Gebäude oder Gebäudeteile, in welchen Mainz, Lokal-
bauordnung
1898. § 27, Ziffer
1—3, § 78.
gewerbliche Betriebsstätten eingerichtet werden sollen, die ungewöhn-
lich starke Feuerung erfordern, oder die Verarbeitung oder Lagerung
leicht brennbarer Materialien stattfinden soll, bestimmt § 27 Ziffer 1
bis 3:

„Kappengewölbeträger dürfen ohne feuersichere Umhüllung des
Unterzuges nicht auf den oberen Flanschen desselben aufgelegt,
sondern müssen so angeordnet werden, daß die unteren Flanschen
beider Träger entweder in eine Ebene fallen oder der Unterzug
höchstens um seine Flanschenstärke vorsteht. Das gleiche gilt von
von den I-Trägern ebener oder gewölbter Betondecken, sowie
ebener, massiver Zwischendecken-Konstruktionen.

Die am Schildbogen der Kappe freibleibende Fläche des
Unterzuges ist durch Anwölbung einer Stichkappe zu decken oder
mit feuersicherer Umhüllung zu versehen.

Die unteren Flanschen der Deckenträger und die Flanschen
und Stege der Unterzüge, soweit solche im Raum freiliegen, sowie
alle Guß- und Schmiedeeisen-Säulen und Stützen im Innern des
Baues sind an der ganzen Außenfläche mit einem Mantel von anerkannt glutsicheren Stoffen zu schützen."

§ 78 besagt unter anderem:

„Bei Verwendung von Eisen zu tragenden Teilen feuersicherer
Treppen ist dasselbe mit entsprechender feuersicherer Umhüllung zu
versehen."

„Bei der Anwendung von Eisenbau unter Trag- und Scheide- Strassburg i. E.
Bauordnung
1891.
wänden in Häusern, deren untere Geschosse zur Lagerung oder
zum Verkaufe größerer Mengen von brennbaren Stoffen und deren
obere Geschosse zu Wohnzwecken bestimmt sind, kann die Ummantelung der freiliegenden Eisenteile durch anderes feuersicheres
Baugut verlangt werden."

Bezüglich der Wohngebäude lautet die Bestimmung: Stuttgart, Orts-
baustatut 1897.
§ 61.

„Aus Eisen bestehende Wandträger sind feuersicher zu ummanteln.

Im Erdgeschoß und in den oberen Stockwerken sind freistehende eiserne Säulen und Balken unter tragenden Wänden be-
wohnter Stockwerke gleichfalls feuersicher zu ummanteln."

Für andere Baulichkeiten, als Warenhäuser, Fabriken usw
wird diese Bestimmung auf Grund des Art. 35 und 49 der Württem-
bergischen Bauordnung vom 6. Oktober 1872 sinngemäß angewandt.

Die Baupolizeiordnung § 22, Ziffer 3 lautet: Wiesbaden

„Eiserne Balken (auch Stützen), welche Mauern, Balkenlagen

und Gewölbe tragen, sind feuersicher zu umkleiden, wenn über denselben Räume zum längeren Aufenthalt von Menschen liegen."

In den Bestimmungen für die Feuersicherheit von Warenhäusern, Geschäftshäusern usw. vom Jahre 1901, Ziffer III, No. 6, heißt es:

„Eiserne Konstruktionsteile (Säulen, Unterzüge, Deckenträger usw.) sind glutsicher zu ummanteln."

Ebenso sind Vorschriften bezügl. der Ummantelung von Eisenkonstruktionen enthalten in den Bestimmungen über die Anlage und die Einrichtung von Theatern, Zirkusgebäuden und öffentlichen Versammlungsräumen vom Jahre 1889.

Allgemeine gesetzliche bezw. polizeiliche Bestimmungen über die Feuersicherheit von Eisenkonstruktionen.

In denjenigen deutschen Städten, in welchen besondere Bestimmungen über die Ummantelung von Eisenkonstruktionen nicht bestehen, kann die Ummantelung auf Grund allgemeiner, die Sicherheit von Baulichkeiten betreffender Vorschriften der städtischen Bauordnungen oder auf Grund der bestehenden Landesgesetze gefordert werden.

Berlin, Bau-
polizei-Ordnung
1897 § 38.
„1. Besondere baupolizeiliche Anforderungen kann die Baupolizeibehörde für Gebäude und Gebäudeteile stellen:

a) in denen Fabriken oder solche gewerbliche Betriebsstätten eingerichtet werden sollen, welche starke Feuerung erfordern, zur Verarbeitung leicht brennbarer Stoffe dienen, eine besonders große Belastung oder Erschütterungen der Gebäude, einen starken Abgang unreiner Stoffe oder eine erhebliche Luftverschlechterung bedingen. Es gehören dahin namentlich:

Glüh- und Schmelzöfen aller Art, Schmieden, Tiegelgießereien, Teer- und Ölkochereien, Backöfen, Räucherkammern, Holzbearbeitungswerkstätten (Tischlereien, Drechslereien, Böttchereien, Stellmachereien und dergl.), Druckereien, Färbereien und dergl.;

b) welche zur Aufbewahrung einer größeren Menge brennbarer Stoffe bestimmt sind (Speicher, Lagerräume und dergl.);

c) welche zur Vereinigung einer größeren Anzahl von Menschen bestimmt sind und nicht unter die Polizei-Verordnungen vom 31. Oktober 1889 und 3. April 1891 fallen;

d) für die Grundstücke, auf welchen der Haupthof zum Teil eine Glasüberdachung erhalten hat.

2. Die an den Bau und die Einrichtung solcher Gebäude oder Gebäudeteile zu stellenden besonderen Anforderungen betreffen vornehmlich:

Die Stärke und Feuersicherheit von Wänden, Decken, Dächern, Fußböden, Treppen, Feuerstätten usw."

Auf Grund gleicher oder ähnlich lautender Bestimmungen kann auch in anderen Städten, wie Altona, Bremen, Breslau, Cassel, Dresden, Düsseldorf, Halle, Hamburg, Kiel, Königsberg, Leipzig, Magdeburg, München, Nürnberg, Posen, Stettin, Ulm, im Innern der vorgenannten Bauanlagen nach Ermessen der Baupolizeibehörden die glutsichere Umhüllung aller stützenden und tragenden eisernen Konstruktionsteile, also aller Säulen, Unterzüge und Träger gefordert werden. Unterstützt werden diese Forderungen im weitesten Sinne durch die Landesgesetze und die Gewerbeordnung für das Deutsche Reich:

§ 10 Titel II des allgemeinen Landrechts für die preußischen Staaten (Berlin 1854) lautet:

„Die nötigen Anstalten zur Erhaltung der öffentlichen Ruhe, Sicherheit und Ordnung und zur Abwendung der dem Publiko oder einzelnen Mitgliedern desselben bevorstehenden Gefahr zu treffen, ist das Amt der Polizei."

§ 13 der Bauordnung für das Königreich Bayern vom 17. Februar 1901 besagt:

„Die Wahl des Baumaterials ist dem Bauherrn anheimgegeben. Das gewählte Material muß jedoch diejenigen Dimensionen und jene Beschaffenheit haben, welche eine feste und feuersichere sowie den gesundheitspolizeilichen Anforderungen entsprechende Bauausführung ermöglichen."

Im § 112 des allgemeinen Landesbaugesetzes für das Königreich Sachsen vom 1. Juli 1900 heißt es:

„Soweit sie (die Gebäudeteile, die für den ganzen Bestand des Gebäudes entscheidend sind) aus Eisen bestehen, kann gefordert werden, daß sie auch gegen die Einwirkung der Hitze bei Schadenfeuer sicher durch volle Ummantelung geschützt sind.

Die Ummantelungen sollen widerstandsfähig genug sein, um im Brandfalle den Spritzenstrahl sicher auszuhalten."

Schließlich sind noch in der Gewerbeordnung für das Deutsche Reich Bestimmungen enthalten, die sich auf den Schutz gegen Gefahr für Leben und Gesundheit im gewerblichen Betriebe erstrecken.

In § 120 derselben heißt es:

„Die Gewerbeunternehmer sind verpflichtet, alle diejenigen Einrichtungen herzustellen und zu unterhalten, welche mit Rücksicht auf die besondere Beschaffenheit des Gewerbebetriebes und der Betriebsstätte zu tunlichster Sicherheit gegen Gefahr für Leben und Gesundheit notwendig sind. Darüber, welche Einrichtungen für alle Anlagen einer bestimmten Art herzustellen sind, können durch Beschluß des Bundesrats Vorschriften erlassen werden. Soweit solche nicht erlassen sind, bleibt es den nach den Landesgesetzen zuständigen Behörden überlassen, die erforderlichen Bestimmungen zu treffen."

Weiterhin verpflichtet die Gewerbeordnung in §§ 16 und 24 die zur Genehmigung bestimmter gewerblicher Anlagen zuständigen Behörden auf die Beachtung der in diesen Betrieben gegen Feuersgefahr getroffenen Maßnahmen.

Bezüglich der Art und Konstruktion der Ummantelungen sind in keiner der angezogenen Bauordnungen besondere Vorschriften erlassen, vielmehr ist es in das freie Ermessen einer jeden Polizeibehörde gestellt, darüber auf Grund der gesammelten Erfahrungen oder praktischer Versuche (Brandproben) eine Entscheidung zu treffen.

Es ist daher näher darauf einzugehen, wie die Schutzmittel beschaffen sein müssen, wenn sie wirklich nützen sollen.

IV. Welche Anforderungen sind an die Ummantelungen zu stellen?

Feuerschutzummantelungen für Eisenkonstruktionen müssen geeignet sein, die Übertragung der Wärme auf die Eisenteile bis zu einem gewissen Grade zu verhindern oder doch möglichst lange hinauszuschieben.

Die hiernach an das Ummantelungsmaterial zu stellenden Anforderungen ergeben sich ohne weiteres. Es muß in erster Linie feuerbeständig, d. h. es muß unverbrennlich sein und darf auch durch Hitzewirkungen, die an den verschiedenen Stellen sehr verschieden sein können, in seinem Gefüge nicht wesentlich gelockert oder zerstört werden. Dazu kommt die Anforderung, daß der Ummantelungskörper geringes Wärmeleitungsvermögen und geringe Wandstärke besitze, letzteres, um den nutzbaren Raum des Gebäudes möglichst wenig einzuschränken.

Im engen Zusammenhange hiermit steht die Forderung möglichst großer mechanischer Festigkeit des Schutzmantels, sowohl im kalten als auch im erhitzten Zustande. Ist eine Ummantelung schon

im gewöhnlichen Betriebe, beispielsweise einer Fabrikanlage, der Gefahr ausgesetzt, durch das Gegenstoßen schwerer Gegenstände beschädigt zu werden, so ist dies im Brandfalle in viel höherem Maße der Fall, denn hier können herabstürzende Bauteile, Waren, Maschinenteile usw. die Ummantelungen beschädigen.

Eine nicht zu unterschätzende Gefahr für die Ummantelungen bildet im Brandfalle das Wasser der Feuerspritzen. Hier wirkt sowohl die durch das kalte Wasser hervorgerufene Abkühlung, als auch der Anprall des unter starker Pressung aus der Spritze austretenden Strahles schädigend. Die plötzliche Abkühlung ruft Zusammenziehung und bei manchen Stoffen Rissebildung hervor; der Stoß des Wasserstrahles sucht die durch die Rissebildung gelockerte Masse völlig zu zertrümmern. Besonders schädlich sind die durch die Verdampfung des auf die erhitzte Ummantelung einwirkenden Wassers entstehenden Folgeerscheinungen, indem der sich entwickelnde Dampf auch die festen Gefüge lockert. Diesen zerstörenden Wirkungen gegenüber muß sich die Ummantelung möglichst widerstandsfähig zeigen.

In chemischen Fabriken, Beizereien usw., in denen Ummantelung der Eisenteile schon zum Schutze gegen Säuren und Säuredämpfe anzuraten ist, darf naturgemäß nur säurefestes Material zu den Ummantelungen verwendet werden. Ebenso darf aber auch das Material selbst keine Stoffe enthalten, die das ummantelte Eisen angreifen.

Es ist nämlich aus Gründen, die im Abschnitt Va angegeben werden, üblich, den Mantel sowohl unmittelbar auf den Eisenkern zu legen, also in Berührung mit ihm zu bringen, als auch den Mantel unabnehmbar herzustellen, wodurch also der Eisenkern der Überwachung entzogen wird. Aus diesem Grunde sollte stets mit peinlicher Sorgfalt darauf gehalten werden, daß für Ummantelungen nur solches Material verwendet wird, von dem mit Sicherheit anzunehmen ist, daß es Rostbildung oder sonstige chemische Umsetzungen des Eisens nicht hervorbringt.

Es mag hier erwähnt werden, daß von den mörtelartigen Stoffen, die bei der Frage der Ummantelung eine wesentliche Rolle spielen, Mörtel aus Portlandzement, in innige Berührung mit Eisen gebracht, ein vorzügliches Rostschutzmittel ist, während Kalkmörtel das Eisen angreift. Gipsmörtel übt ähnliche, jedoch etwas schwächere Wirkungen auf das Eisen aus als Kalkmörtel.

Glaubt man den Eisenkern gegen Rosten besonders schützen zu sollen, so empfiehlt es sich, ihn vor Aufbringung des Mantels mit einem säurefreien und säurefesten Anstrich zu versehen.

Vor allem sollen die Ummantelungen die Kosten eines Bauwerks nicht wesentlich erhöhen. Das verwendete Material soll möglichst leicht sein, um eine erhebliche Mehrbelastung und dadurch erforderlich werdende Verstärkung der Fundamente zu vermeiden. Die Beschaffungskosten des Materials dürfen nicht zu hoch sein, vor allem aber soll die Verarbeitung des Materials, also die Herstellung der Ummantelung durch jeden einigermaßen geschickten Bauhandwerker gut und sicher bewirkt werden können, ohne daß der Bauherr gezwungen ist, seitens der liefernden Fabriken oder Geschäfte besondere Hilfsmittel oder besonders geschulte Arbeiter heranzuziehen.

V. Muster und Beispiele.

Va. Allgemeines.

Im folgenden werden Muster und Beispiele behandelt, aus denen ersichtlich ist, in welcher Weise Eisenkonstruktionen durch Ummantelung gegen Feuer geschützt werden. Im allgemeinen ist hier zunächst das für die Schutzkonstruktion verwendete Material nach Form, Beschaffenheit und Zweck und hierauf seine Anwendung als Schutzkonstruktion beschrieben. Alsdann sind Angaben über die Bewährung bei Brandfällen und Brandproben, soweit hier Unterlagen zu Gebote standen, und schließlich auch Angaben über die Kosten der Konstruktion gemacht worden. Bei der Frage der Bewährung haben im wesentlichen die Berichte der Königlichen mechanisch-technischen Versuchsanstalt zu Charlottenburg über Brandproben, die Veröffentlichungen über die Studeschen Brandversuche*) und die Kommissionsberichte über die erwähnten Versuche in Hamburg, die nicht nur mit ungeschützten, sondern auch mit ummantelten Säulen vorgenommen wurden, die Berichte von Feuerwehren der größeren deutschen Städte über Brandfälle sowie die Angaben von Feuerversicherungsgesellschaften gedient.

Die Aufstellung der Kosten bot besondere Schwierigkeiten, denn einerseits sind die Materialkosten ständigem Wechsel unterworfen, andererseits sind die Arbeitslöhne je nach den örtlichen Verhältnissen verschieden, und schließlich ist auch die Ausführung der Ummantelung je nach der Gestalt der zu schützenden Eisenkonstruktion mehr oder minder einfach und beeinflußt die Kosten.

---

*) Vgl.: „Bericht über die am 9., 10. und 11. Februar 1893 in Berlin vorgenommenen Prüfungen feuersicherer Baukonstruktionen". Von Stude, Branddirektor, und Reichel, Brandinspektor, Berlin 1893. Verlag von Jul. Springer.

Die angegebenen Preise können daher nicht als feste Normen gelten; vielmehr sollen sie dem Architekten oder Ingenieur, der sich mit feuersicheren Eisenkonstruktionen zu befassen hat, einen ungefähren Anhalt geben und die Wahl des Materials erleichtern helfen.

Vb. Säulen und Unterzüge.

Allgemeines.

Zuerst werden die Ummantelungen eiserner Säulen und Unterzüge behandelt werden. Vor der Beschreibung der einzelnen Beispiele mögen einige allgemeine Gesichtspunkte über die Eisenkonstruktionen selbst und über die Ummantelungen erörtert werden.

Bei einem Brande ist das Auftreten einseitiger Erwärmung der Säulen stets zu erwarten. Die Längenänderung der erwärmten Stelle bewirkt ein Verbiegen der Säule, sodaß im Zusammenhang damit eine nachteilige Änderung der Kantenpressungen eintreten muß. Steigert sich die einseitige Erwärmung bis zur Rotglut, so besteht die Gefahr, daß die Säule an der erwärmten Stelle einknickt.

Querschnitte für Säulen aus Walzeisen

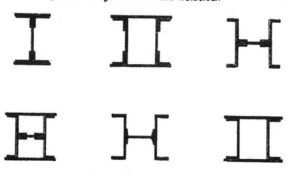

Fig. 4—9.

Netzwerkartige Säulen, deren einzelne Glieder aus Walzeisen kleiner Profile bestehen, leiden unter den Wirkungen der einseitigen Erwärmung mehr als gußeiserne oder aus Walzeisen größerer Querschnitte zusammengesetzte Säulen.

Mit Rücksicht hierauf sollten Walzeisensäulen, die gelegentlich dem Feuer ausgesetzt werden können, möglichst gedrungene Querschnitte erhalten, etwa nach Fig. 4 bis 9.

Auch sollen Säulen nicht zu schlank gebaut sein, d. h. bei Benutzung der gebräuchlichen Knickformeln ist genügende Sicherheit zu-

grunde zu legen. Sind die Säulen für exzentrische Belastung bestimmt, so muß diese bei der Berechnung besonders berücksichtigt werden.

Über die Frage, ob in einem bestimmten Falle walzeiserne oder gußeiserne Säulen vorzuziehen sind, werden vielfach die ortsüblichen Kosten entscheiden; jedenfalls besitzen aber in konstruktiver

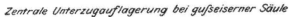

Zentrale Unterzugauflagerung bei gußeiserner Säule

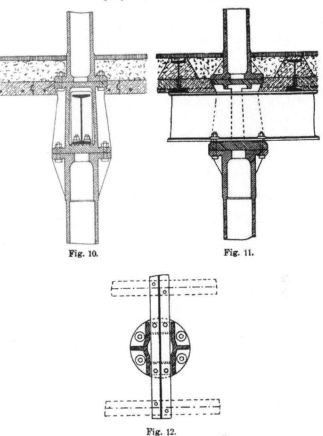

Fig. 10.   Fig. 11.

Fig. 12.

Hinsicht walzeiserne Säulen gegenüber gußeisernen nicht unwesentliche Vorteile. Das Walzeisenmaterial ist gleichmäßiger, zuverlässiger und bezüglich seiner Eigenschaften leichter zu kontrollieren als Gußeisen. Auch haben gußeiserne Säulen den Nachteil, daß bei

ihnen, falls liegend gegossen, ungleiche Wandstärken mit Sicherheit nicht zu vermeiden sind, während stehend oder schräg gegossene Säulen von größerer Länge nicht immer zu beschaffen sind.

Es wird zuungunsten des Gußeisens auch wohl angeführt, daß bei Gußeisensäulen, die durch mehrere Stockwerke hindurchgeführt werden sollen, die Erzielung zentraler Auflagerung der Unterzüge in konstruktiver Hinsicht Schwierigkeiten verursache. Die Fig. 10 bis 12 zeigen an einem einfachen Beispiele, daß diese Schwierigkeiten nicht erheblich sind.

Bei Bauten mit großer Stockwerkszahl ist die Verwendung von Walzeisensäulen häufig deshalb vorzuziehen, weil diese durch mehrere Stockwerke ungestoßen hindurchgehen und an den Stoßstellen die einzelnen Teile derartig gut miteinander verbunden werden können, daß die ganze Säule als ein einziger, durch die Deckenkonstruktionen denkbar günstig eingespannter Stab betrachtet werden darf und deshalb auch im Feuer mehr trägt, als eine Gußstütze von sonst gleichen Konstruktionsverhältnissen und gleicher Sicherheit, die sich jedoch an den Stoßstellen nicht so vollkommen zu einem Stück vereinigen läßt und daher als weniger gut eingespannt angesehen werden muß. In derartigen Fällen, namentlich da, wo es sich außerdem um große Höhen und schwere Belastungen handelt, wird man daher den aus Walzeisen hergestellten Stützen den Vorzug geben, obgleich Gußeisen dem Feuer etwas länger als Walzeisen widersteht. Entschließt man sich aber bei solchen Bauten zur Wahl von Gußeisen, so wird es sich unbedingt empfehlen, aufeinanderstehende Stützenteile sachgemäß und auf das sorgfältigste miteinander zu verbinden. (Vergl. das Beispiel Fig. 10 bis 12.)

Die Ummantelungen können abnehmbar oder unabnehmbar hergestellt werden. Der Verwendung abnehmbarer Ummantelungen steht aber entgegen, daß sie im Vergleich zu den unabnehmbaren teuer, schwer herzustellen und wegen der Fugen, die zwischen den einzelnen, durch mechanische Vorrichtungen zusammengehaltenen Teilen bestehen, gegen Hitze wenig wirksam und gegen mechanische Angriffe wenig widerstandsfähig sind. Der Umstand, daß mit der Abnehmbarkeit die Möglichkeit einer bequemen Überwachung und Nachprüfung des Eisenkernes verbunden ist, kann als ins Gewicht fallend nicht betrachtet werden, denn die Nachprüfung wird, solange sie nicht amtlich vorgeschrieben wird, kaum jemals vorgenommen werden und ist auch entbehrlich, wenn nur die Ummantelung stets in dem Zustande gehalten wird, daß sie das Vordringen schädlicher Feuchtigkeiten und Dünste zum Eisenkern verhütet und aus einem

Stoffe besteht, der das Eisen nicht angreift. Aus diesen Gründen verwendet man in der Praxis ausschließlich nichtabnehmbare Ummantelungen.

Die zu den Ummantelungen verwendeten Materialien kommen entweder in fester oder in loser Form zur Anlieferung. Zu denen der ersteren Form gehören die in Backsteinformat, als Platten, Tafeln oder Schalen hergestellten Materialien, zu denen der letzteren Form die mörtelartigen Stoffe, die in Pulver- oder Teigform zu beziehen sind und erst am Ort der Verwendung zubereitet werden. Bei einem großen Teile der Ummantelungen werden beide Arten in Verbindung miteinander benutzt.

Bei älteren Ummantelungen ordnete man, in dem Bestreben, bessere Wärmeschutzwirkung zu erzielen, zwischen Eisenkern und Mantel eine ruhende Luftschicht an. Diesen Ummantelungen haftet der Mangel an, daß die Luftschicht dem Ungeziefer aller Art willkommenen Unterschlupf bietet und bei einem Brande als Zugkanal wirken kann. Außerdem ist der Mantel mit Luftschicht, da er an dem Eisenkern keinen oder doch nur geringen Halt findet, gegen mechanische Angriffe nicht so widerstandsfähig, wie ein aus gleichem Material hergestellter Mantel, der ohne Luftschicht unmittelbar auf den Eisenkern gelegt ist und an diesem eine feste Unterlage findet. Man ist deshalb neuerdings von der Ausführung der Ummantelungen mit Luftschicht fast ganz abgekommen, zumal Versuche ergeben haben, daß die Luftschicht den angestrebten Nutzen der besseren Isolierung nicht gewährt.

Hohlräume zwischen Eisenkern und Mantel entstehen häufig schon von selbst, besonders infolge vorspringender Flansche der aus Walzeisen gebildeten Konstruktionen. Das Beste ist, sie mit leichten Stoffen, z. B. Schwemmsteinen, Bimsbeton oder dergleichen auszufüllen, vergl. Fig. 13 und 14. Damit werden indessen Kosten und Gewicht der Ummantelung erhöht, sodaß man im allgemeinen von diesem Verfahren nur beschränkten Gebrauch machen und es hauptsächlich dort anwenden wird, wo die Ummantelung an sich eine den jeweiligen Anforderungen entsprechende Widerstandsfähigkeit nicht besitzt.

Fig. 13 u. 14.

Die Widerstandsfähigkeit eines Schutzmantels kann man dadurch wesentlich erhöhen, daß man ihn noch mit einem Eisenblechmantel umgibt. Alle ummantelten Teile auf diese Weise schützen, hieße aber die Ummantelung ganz außerordentlich verteuern. Auch liegt

hierzu nicht das Bedürfnis vor, es genügt vielmehr, wenn nur solche Teile mit einem Eisenblechmantel versehen werden, die der Gefahr, durch mechanische Einflüsse im Betrieb beschädigt zu werden, besonders ausgesetzt sind. Solche Teile sind hauptsächlich die unteren Enden der Säulen in Verkaufsräumen, Lagerkellern und Fabrikräumen. Bei diesen führt man den Eisenblechmantel, vom Fußboden ab gerechnet, etwa 2,30 m hoch.

Die Oberfläche des etwa 2 mm starken Eisenmantels soll möglichst glatt sein und keine vorspringenden Teile besitzen, damit dem

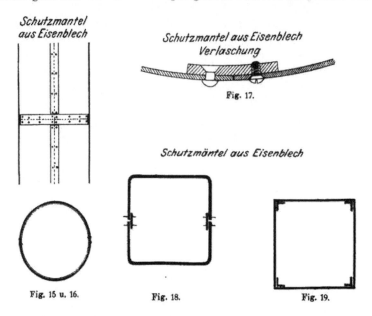

Schutzmantel aus Eisenblech

Schutzmantel aus Eisenblech
Verlaschung

Fig. 17.

Schutzmäntel aus Eisenblech

Fig. 15 u. 16.   Fig. 18.   Fig. 19.

Stoße etwa gegenfahrender Gepäckkarren oder fallender Gegenstände nur geringe Angriffsfläche geboten wird; es sollen daher die für die gegenseitige Vernietung oder Verschraubung der einzelnen Platten erforderlichen Laschen sich auf der Mantelinnenseite befinden. Der zwischen Eisenmantel und Feuerschutzverkleidung gebildete Hohlraum wird nach Anbringung des Blechmantels mit dünnem Zementmörtel ausgegossen.

Fig. 15 bis 17 zeigen einen zylindrischen Eisenmantel, bei dem nur die Niet- und Schraubenköpfe über die Außenfläche hervorragen. Durch Anwendung versenkter Niet- und Schraubenköpfe erzielt man eine völlig glatte Oberfläche. Fig. 18 und 19 zeigen für den vorliegenden Zweck geeignete Eisenmäntel von rechteckigem Querschnitt.

Der Preis für 1 qm fertigen Eisenmantels von 2 mm Stärke beträgt etwa 8 bis 9 M.

Viele Ummantelungen, besonders die aus mörtelartigen Stoffen bestehenden, erhalten Einlagen aus Drahtgeflecht oder Streckmetall (Goldings Streckmetall, D. R. P. und D. R. G. M., beschrieben Schweizerische Bauzeitung 1900, S. 94).

Da im folgenden mehrere mit solchem Maschenwerk versehene Ummantelungen beschrieben sind, so mögen hier einige Angaben über dessen Befestigungsweise gemacht werden.

Bei Säulen ist die Befestigung leicht auszuführen, desgl. bei Unterzügen, deren Flächen sämtlich zugänglich sind. Ist letzteres

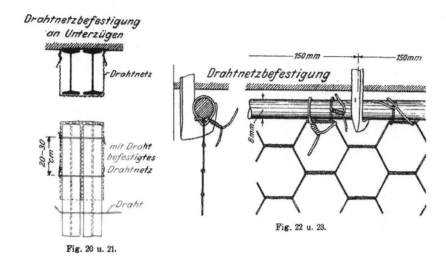

Fig. 20 u. 21.

Fig. 22 u. 23.

nicht der Fall, soll beispielsweise der Obergurt des Unterzugs als unmittelbares Auflager für eine Decke dienen, so wird das Maschenwerk vor Aufbringung der Decke umgelegt oder es werden im Abstande von 20 bis 30 cm dünne Drahtstücke auf den Obergurt gelegt, die beiderseits über ihn hinausragen. Mit den überstehenden Enden wird dann das Maschenwerk verschlungen, Fig. 20 und 21. Die Befestigung geschieht auch durch etwa 20 cm von einander entfernte in die Decke getriebene Hakennägel zu beiden Seiten des Unterzuges, mit denen das Maschenwerk am besten durch Bindedraht verbunden wird. Es werden auch wohl runde, durch Haken gehaltene Eisenstäbe an beiden Unterzugsseiten längs der Decke

hergezogen und an diesen das Maschenwerk mit Bindedraht befestigt, Fig. 22 und 23. Diese Anordnung ermöglicht ununterbrochene Befestigung und ist zu empfehlen.

Ummantelung mit Holz.

Wenngleich Holz nicht als feuersicheres Material betrachtet werden kann, so ist dennoch seine Verwendung zu Ummantelungen nicht ohne weiteres von der Hand zu weisen. Eine gehobelte Holzverkleidung von 3 bis 4 cm Stärke ist in Gebäuden, bei denen schwere Brände nicht zu befürchten sind, wohl angebracht und imstande eine Zerstörung der Eisenkonstruktion auf längere Zeit aufzuhalten. Eichenholz gewährt besseren Schutz als Kiefern- und Tannenholz, da es langsamer durchbrennt.

Die Schutzfähigkeit des Holzes wird erhöht durch feuersicheren Anstrich und durch geeignetes Imprägnieren.

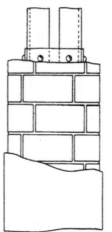

Backstein = Ummantelung

Bei dem mehrstündigen Brande eines Kaufhauses in Cottbus wurden derartige Holzummantelungen zwar zum Teil zerstört, indessen schützten sie die Eisenteile vor dem Glühendwerden und bewahrten das Gebäude vor dem Einsturz.

Der Preis für 1 qm einfacher Holzummantelungen beträgt bei Verwendung von Tannen- oder Kiefernholz 3 bis 4 M., bei Eichenholz etwa 5 bis 6 M.

Es sei noch erwähnt, daß Holzverkleidung auch in Fällen, wo Schönheits- oder sonstige Rücksichten in Frage kommen, für den auf Seite 28 und 29 beschriebenen Eisenmantel einen gewissen Ersatz bieten kann.

Ummantelung mit Backsteinen oder Schwemmsteinen.

Eine sehr einfache Säulen-Ummantelung ist diejenige aus hartgebrannten Backsteinen oder aus Schwemmsteinen. Wie aus Fig. 24 und 25 ersichtlich, werden die Backsteine hochkantig gegen die Säule gesetzt, in Zementmörtel ver-

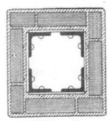

Fig. 24 u. 25.

mauert und mit etwa 1,0 cm starker Putzschicht versehen. Der Mantel wird auch wohl in halber Steinstärke ausgeführt.

Hervorragend bewährt hat sich die Backsteinummantelung bei einem etwa 9-stündigen Brand der Zuckerraffinerie in Neufahrwasser. Während ungeschützte Eisenkonstruktionen hier völlig zerstört wurden, blieben die ummantelten Säulen vollkommen unverletzt und konnten ohne Bedenken später wieder verwendet werden.

Der Preis einer $1/4$ Stein starken Ummantelung einschließlich Verputz und Arbeitslöhne beträgt etwa 5,50 M. für 1 qm.

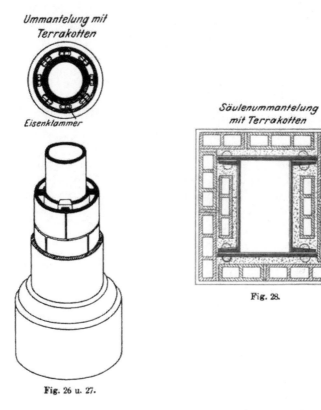

Fig. 26 u. 27.

Fig. 28.

Ummantelung mit Terrakotten.

In Nordamerika bereits seit vielen Jahren gebräuchlich sind die aus Terrakottsteinen hergestellten Ummantelungen. Die Steine werden zwecks genauer Anpassung an die zu schützenden Eisenteile in den mannigfaltigsten Formen und zwar vorwiegend als Hohl-

steine mit auffallend dünnen Wandungen ausgeführt. Es werden poröse, sog. halbporöse und sog. hartgebrannte*) Terrakottsteine gefertigt. Die beiden ersteren, weniger tragfähigen, werden im allgemeinen zu Säulen- und Trägerummantelungen benutzt, während die letzteren meist zur Herstellung feuersicherer Decken Verwendung finden.

Eine ummantelte gußeiserne Säule zeigen Fig. 26 und 27. Die Wandstärken der hierbei zur Verwendung kommenden Steine betragen etwa $1^{1}/_{2}$ cm. Die Breite der Luftschicht zwischen Innen- und Außenwand beträgt etwa 2 bis 3 cm. Die Aufmauerung geschieht in Verband mittels Zementmörtels. Stahl- oder Eisenklammern halten benachbarte Steine zusammen und erhöhen die Festigkeit des Ganzen. Ein 1 cm starker Verputz und gegebenenfalls Stuckverzierungen vervollständigen die Konstruktion.

Beispiele für walzeiserne Säulen mit dieser Ummantelung zeigen Fig. 28 bis 30**), Fig. 31 stellt eine Unterzugs-Ummantelung dieser Art dar.

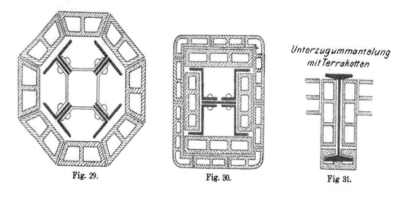

Fig. 29.   Fig. 30.   Fig 31.

Ummantelung mit porösen feuersicheren Steinen.

Der vorigen nach Beschaffenheit und Verarbeitung des Materials nicht unähnlich ist die Ummantelung aus porösen feuersicheren Steinen.

Feingesiebtes Fichtenholz-Sägemehl wird mittelst besonders konstruierter Mischmaschinen mit feingemahlenem Kaolin und weiß-

---

*) Betr. Herstellung, chemischer Zusammensetzung, physikalischer Eigenschaften usw., vergl. Freitag, The Fireproofing of Steel Buildings, 1899, S. 85 bis 92.

**) Vergl. dieselbe Quelle S. 230.

brennendem Ton gut vermengt; die so gewonnene Masse wird zu massiven oder hohlen Steinen von jeder gewünschten Form verarbeitet. Nach dem Brande ist die Masse porös und besitzt je nach dem Sägemehlzusatz ein spez. Gewicht von 0,9 bis 1,2; sie läßt sich mit der Säge schneiden und mit der Feile bearbeiten; auch lassen sich Drahtstifte durchschlagen.

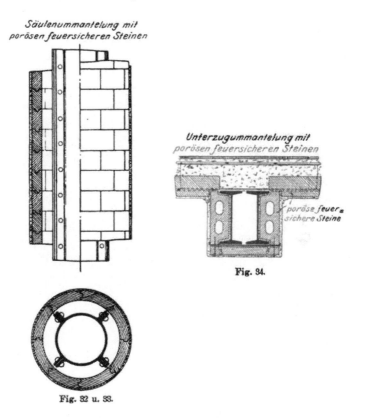

Säulenummantelung mit porösen feuersicheren Steinen

Unterzugummantelung mit porösen feuersicheren Steinen

poröse feuersichere Steine

Fig. 34.

Fig. 32 u. 33.

Fig. 32 und 33 zeigen die Ummantelung einer aus Quadranteisen gebildeten Säule. Die Radialsteine, deren Stärke 6 bis 10 cm beträgt, greifen bei versetzten Fugen falzartig ineinander, sodaß ein äußerst widerstandsfähiger Verband entsteht.

In wie mannigfaltigen Formen die Steine gefertigt werden, läßt die in Fig. 34 dargestellte Unterzug-Ummantelung erkennen. Es ist erklärlich, daß die Herstellung des Mantels äußerst einfach ist und wenig Zeit erfordert.

Die Steine haben bei öffentlichen und privaten Bauten in München und Nürnberg für feuersichere Ummantelungen wiederholt Verwendung gefunden.

Amtliche Proben über die Güte der Steine liegen nicht vor, indessen darf man aus der Natur des Materials jedenfalls den Schluß ziehen, daß sich dieses ganz besonders zu feuersicheren Ummantelungen eignet, und darf erwarten, daß es zu diesem Zwecke noch in ausgedehntem Maße Anwendung finden wird.

Der Preis der Ummantelung stellt sich auf 5 bis 7 M. je nach der Dicke der verwendeten Steine.

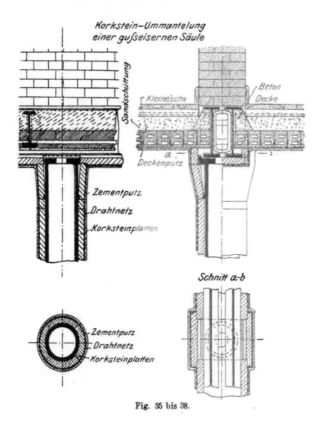

Fig. 35 bis 38.

Ummantelung mit Korkstein.

Korkstein besteht aus zerkleinertem Kork mit mineralischem Bindemittel und bildet eine harte Masse von verhältnismäßig hoher

8*

Festigkeit mit einem spez. Gewicht von etwa 0,26. Er läßt sich mit Schneidwerkzeugen leicht bearbeiten und mit Nägeln befestigen. Korksteine werden in der normalen Größe der Backsteine, in Platten verschiedener Größe sowie als Radialformsteine für beliebige Durchmesser angefertigt. Die Fig. 35 bis 38 zeigen die Ummantelung einer gußeisernen Säule mit diesem Stoff. Die Säule wird mit passenden Korksteinsegmenten von 3 bis 5 cm Stärke umgeben. Die Steine, deren senkrechte Fugen man gegeneinander versetzt, um

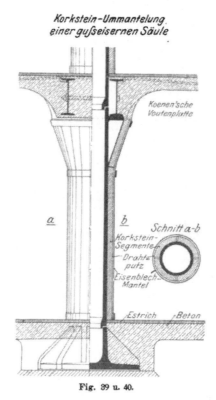

Fig. 39 u. 40.

einen regelmäßigen Verband zu erhalten, werden zunächst mit langen Formnägeln, wie sie in Eisen- und Metallgießereien bei der Herstellung der Gußformen benutzt werden, zusammengeheftet; die Fugen werden mit Zementmörtel sorgfältig ausgestrichen. Um diesen Mantel wird Drahtgeflecht gespannt, welches durch untergelegte

Korkstreifen in Entfernung von etwa $^1/_2$ cm von den Korkplatten gehalten wird, und darauf Zementputz von 1 bis 2 cm Stärke aufgebracht,
sodaß das Drahtgeflecht völlig in Zementmörtel eingebettet ist.
Für den Bedarfsfall erfolgt dann noch Umkleidung mit einem Eisenmantel. Die in Fig. 35 und 36 angegebene Kleinesche Decken-
konstruktion ist unter dem Abschnitt „Feuersichere Decken" näher
beschrieben. Fig. 39 und 40 zeigen ebenfalls ein Beispiel einer mit
Korkstein ummantelten Gußeisensäule für eine Speicheranlage, bei

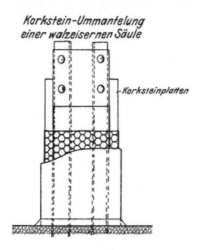

Korkstein-Ummantelung
einer walzeisernen Säule

Korksteinplatten

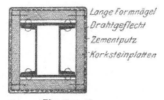

Lange Formnägel
Drahtgeflecht
Zementputz
Korksteinplatten

Fig. 41. u. 42.

welcher der Blechmantel bis an die als Koenensche Voutenplatte
ausgebildete Decke hochgeführt ist.

Ein Beispiel für eine Säule aus Walzeisen zeigen die
Fig. 41 und 42.

Die Ummantelung eines Unterzuges mit Korkstein ist in den
Fig. 35 bis 38 ebenfalls zur Darstellung gebracht. Näheres über die
Herstellung veranschaulichen Fig. 43 und 44 an einem etwas anders
gestalteten Unterzuge.

Wie ersichtlich, werden die Platten mit Bindedraht a gehalten und miteinander vernagelt. Der Bindedraht wird fortlaufend über wechselseitig zum Träger in die Decke eingetriebene Haken b geführt. Diese Haken tragen außerdem durchgehende Rundeisenstangen c, an denen das Drahtgewebe d, Fig. 43, befestigt wird. Auf den so hergerichteten Mantel wird Zementputz gebracht.

Die beschriebenen Ummantelungen haben sich im ganzen gut bewährt. Erfahrungsgemäß ist Korkstein ein gutes Wärmeschutzmittel. Der dauernden Einwirkung des Feuers ausgesetzt, gerät er jedoch ins Glimmen und verkohlt und verbrennt dann allmählich. Bei guten Korksteinen sind die Korkteilchen mit erdigen Bestandteilen vollkommen umgeben, wodurch die Verbrennung sehr verlangsamt wird. Die auf den Mantel aufzubringende Putzschicht schützt den Korkstein ebenfalls wesentlich.

Einem Berichte der Hamburger Feuerwehr zufolge hat sich die Korksteinummantelung bei dem großen Brande der Oppen-

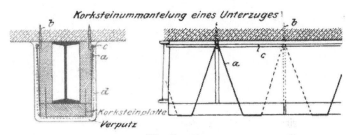

Fig. 43 u. 44.

heimerschen Dampfmühle in Hamburg im Jahre 1896 hervorragend bewährt. Auf die Ummantelungen wirkte längere Zeit hindurch eine Hitze von 1000 bis 1300° C. Weder das Feuer, noch das Wasser haben hier, von einigen leichten Abbröckelungen des Zementputzes abgesehen, nennenswerte Beschädigungen der Schutzkonstruktion hervorgerufen.

Bei einem von der Kopenhagener Feuerwehr im Jahre 1894 (vgl. Deutsche Bauzeitung 1895, S. 290) angestellten Brandversuche ist ebenfalls ein günstiges Ergebnis mit Korksteinummantelungen erzielt worden. Bei den Studeschen Versuchen bewährten sich mehrere aus Korksteinplatten hergestellte Konstruktionen (Tür, Wand) ebenfalls gut.

Bei den Hamburger Versuchen wurden mehrere mit Korkstein-
ummantelung versehene belastete Stützen der Brandprobe unterworfen. Bei fast allen Proben war die Ummantelung noch mit
Eisenblechmantel umgeben, die eine unmittelbare Einwirkung des
Feuers auf den Korkstein verhinderten.

Hierbei erwies sich die Wärmeleitungsfähigkeit des Korksteines
als äußerst gering, indem Tragunfähigkeit der Stützen erst nach
4- bis 5-stündiger Branddauer eintrat bei einer auf die Ummantelung
wirkenden Wärme von 1300 bis 1400° C.

Die Herstellungskosten einer fertigen Korksteinummantelung
ohne Eisenmantel stellen sich auf etwa 5,00 bis 6,00 M. für 1 qm.

Ummantelung mit Kunsttuffstein.

Die Firma Dr. L. Grote, Uelzen, verfertigt unter der Bezeichnung „Kunsttuffstein" D. R. P. ein poröses Material in Form von
Platten, Steinen, Segmenten und Halbschalen. Der Kunsttuffstein
besteht aus Kieselguhr, essigsaurer Tonerde, Mergel und Gips, hat
ein spez. Gewicht von 0,25 bis 0,40 und läßt sich mit der Säge bearbeiten und durch Vernagelung befestigen.

Eiserne Säulen und Unterzüge werden in derselben Weise
ummantelt, wie mit Korkstein; eine nähere Beschreibung erscheint
daher nicht notwendig.

Die Stärke des Mantels einschließlich 1 cm starker Putzschicht
soll 4 bis 5 cm betragen.

In Hannover sind bei einer Brandprobe im Jahre 1901 mit
Ummantelungen aus Kunsttuffsteinen bezüglich Wärmeschutzvermögen und Feuersicherheit gute Ergebnisse erzielt worden. Dagegen sind Teile, die längere Zeit einem stärkeren Wasserstrahl
ausgesetzt waren, zerstört worden.

Der Preis für 1 qm fertiger Ummantelung mit Mörtelputz beträgt etwa 3,50 bis 5,00 M.

Ummantelung mit Stampfbeton.

Eine Ummantelung mit Stampfbeton zeigt Fig. 45 (vgl. Zentralblatt der Bauverwaltung 1884, S. 375).

Die Herstellungsweise der hier dargestellten Säulenummantelung
ist bekannt. Zum Beton wird Fluß- und Grubenkies oder Bimskies
verwendet. Die Stärke der Schicht soll zur Erhöhung der Haltbarkeit bei Verwendung von Fluß- und Grubenkies bis zu 8 cm be-

tragen, wodurch gleichzeitig größere Isolierfähigkeit erzielt wird. Jedoch wird diese Konstruktion sehr schwer und nimmt viel Raum in Anspruch. Wegen seines geringen Gewichtes ist Stampfbeton aus Bimskies vorteilhaft zu verwenden.

Eine Unterzug-Ummantelung dieser Art ist in Fig. 45 ebenfalls angegeben. Fig. 46 zeigt eine Stampfbetonummantelung nach

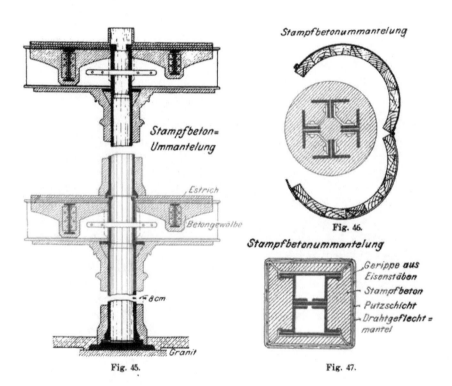

Fig. 45.

Fig. 46.

Fig. 47.

amerikanischem Muster für eine Walzeisensäule nebst der beim Einstampfen benutzten zweiteiligen aufklappbaren Holzform. Fig. 47 stellt ebenfalls eine in Amerika gebräuchliche Stampfbetonummantelung einer Walzeisensäule dar. Ihre Herstellung erfolgt ohne Zuhilfenahme von Holzformen. In einer Entfernung von dem Eisenkern, die der gewünschten Mantelstärke entspricht, wird ein aus senkrechten und wagerechten Eisenstäben gebildetes Gerippe gelegt und an der Säule in geeigneter Weise befestigt. Das Gerippe wird mit einem Drahtgeflechtmantel umgeben. In den zwischen

letzterem und dem Eisenkern entstebenden Hohlraum wird der Beton eingestampft. Auf den Mantel wird dann eine Putzschicht gebracht.

Eine gewöhnliche Stampfbetonummantelung von 8 cm Stärke kostet etwa 6 M. für 1 qm.

Ummantelung mit Monier und Rabitz.

Die Fig. 48 bis 51 zeigen Beispiele von Säulen- und Unterzug-Ummantelungen nach der Bauweise Monier. Die Herstellungsweise

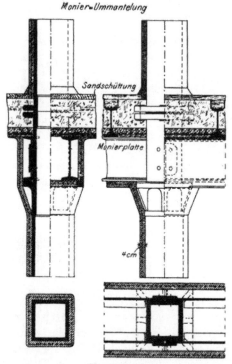

Fig. 48 bis 51.

dürfte allgemein bekannt sein, sodaß von einer eingehenden Be-schreibung abgesehen werden kann. Es sei nur darauf hingewiesen, daß es sich bei der Herstellung derartiger Ummantelungen empfiehlt, den etwa 4 cm starken Mantel nicht in mehreren Lagen, sondern gleich in voller Stärke auszuführen, weil die Masse dann besseren Zusammenhalt zeigt.

Monier-Ummantelungen werden auch aus fertigen Platten oder Schalen von größeren Abmessungen zusammengesetzt. Das Anbringen eines Schutzmantels nach dieser Ausführungsweise ist bequemer und erfordert keine geschulten Arbeiter, die Festigkeit solcher Mäntel aber ist geringer als diejenige der fugenlosen Monier-Mäntel. Die Verwendung ist dort zu empfehlen, wo es auf hohe Festigkeit des Mantels weniger ankommt, als auf schnelle Ausführung.

Statt der Einlage aus Rundeisen kann auch, der Rabitz'schen Bauweise entsprechend, Drahtgeflecht in das Innere des Mantels eingelegt werden, wobei jedoch möglichst nur Zementmörtel zur Verwendung kommen sollte.

Bei den Hamburger Versuchen wurden Monier-Ummantelungen von 3, 4 und $4^1/_2$ cm Stärke erprobt, die teils aus fertigen Platten und abnehmbar, teils aus losem Material an Ort und Stelle hergestellt waren. Die Ummantelungen erhielten hierbei die Stützen mehrere Stunden tragfähig bei 1100 bis 1400° C Wärme an der Mantelaußenseite. Die Erwärmung verursachte bei einem Teil der Ummantelungen keine, bei einem andern kleine oder größere Beschädigungen, die in Abplatzen einzelner Mörtelschichten und Rissebildung bestanden. Durch das nach Eintritt der Tragunfähigkeit vorgenommene Anspritzen wurde ein Teil der Ummantelungen beschädigt, ein anderer zerstört.

Das Gesamtergebnis dieser Versuche muß jedenfalls als gut bezeichnet werden.

Die Kosten für 1 qm 4 cm starker Monierummantelung betragen etwa 4,50 bis 5,50 M.

Ummantelung mit Drahtziegel.

Von der Rabitz-Ummantelung nur durch besondere Ausführung der Einlage verschieden ist die Drahtziegel-Ummantelung.

Das Drahtziegelwerk besteht aus Drahtgeflecht mit viereckigen Maschen mit aufgepreßten hartgebrannten Tonkörperchen, Fig. 52.

Das Gewicht beträgt $4^1/_2$ kg/qm, die übliche Größe ist 5 qm= 5 m × 1 m.

Ein zweckmäßiges Verfahren zur Ummantelung eiserner Säulen ist das folgende:

Um die Säule, Fig. 53 bis 56, wird nahe der Oberfläche eine Hülle aus Drahtziegel-Gewebe gelegt. Damit die Entfernung gleichmäßig wird, werden einzelne Drahtziegelstreifen untergelegt. Nun-

mehr wird ein Verputz aus Zementmörtel möglichst in einer Schicht aufgetragen. Die Stärke des Mantels mit eingelegten Drahtziegeln soll etwa 3 bis 4 cm betragen.

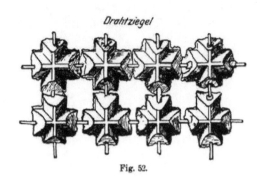

Fig. 52.

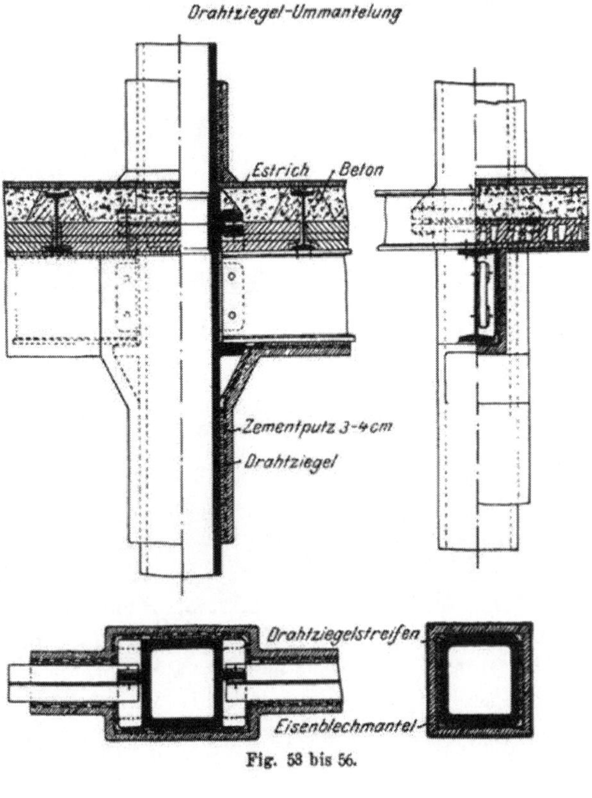

Drahtziegel-Ummantelung

Fig. 53 bis 56.

In entsprechender Weise werden walzeiserne Unterzüge ummantelt, wie in Fig. 53 bis 55 zur Darstellung gebracht ist.

Die Urteile über diese Ummantelung lauten günstig. Bei Brandproben der Königlichen mechanisch-technischen Versuchsanstalt in Charlottenburg sowie der Stettiner Feuerwehr hat sie sich als gut isolierend sowie gegen die Einwirkung von Feuer und Wasser als sehr haltbar erwiesen. Bei einem größeren Feuer in Magdeburg sind diese Erfahrungen bestätigt worden.

Eine fertige 4 cm starke Ummantelung mit Drahtziegeleinlage stellt sich auf etwa 7,50 bis 8,00 M. für 1 qm.

Mack's Feuerschutzmantel.

Der Feuerschutzmantel von Mack besteht der Hauptsache nach aus zusammenrollbaren Gipsdielen, D. R. G. M. Nr. 15 299, die aus einzelnen auf Jutegewebe aufgeklebten Lamellen von 15 und 20 mm Stärke gebildet werden, Fig. 57 und 58. Vermöge seiner Biegsamkeit schmiegt sich dieser Mantel leicht an gekrümmte oder eckige Flächen an.

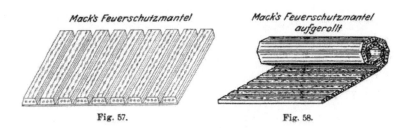

Fig. 57.　　　　　Fig. 58.

Das Gewicht der Dielen beträgt 12 kg/qm bei 15 mm und 15 kg/qm bei 20 mm starken Lamellen, die handelsübliche Größe ist 1,50 × 0,60 m.

Zur Herstellung einer Feuerschutzverkleidung gibt die Fabrik folgendes Verfahren an:

„In Abständen von etwa 50 cm wird um die Säulen oder Unterzüge ein Doppeldraht gezogen, welcher mit Gipsmörtel beworfen eine Art von Ring bildet. Auf diesen Ringen befestigt man mit verzinkten Drahtstiften den Feuerschutzmantel, wobei die Lamellen nach außen oder nach innen gekehrt werden können, worauf zum Schluß die ganze Fläche verputzt wird".

Die in Fig. 59 und 60 dargestellte Säulenummantelung zeigt eine hiervon etwas abweichende Ausführung. Statt einzelner Gipsringe hat sie volle Ausfüllung mit Bimsbeton oder dergl. erhalten. Dann ist der Mantel ohne Luftschicht aufgelegt, mittels Draht befestigt und mit Putz versehen.

Einen in gleicher Weise ummantelten Unterzug zeigt Fig. 61.

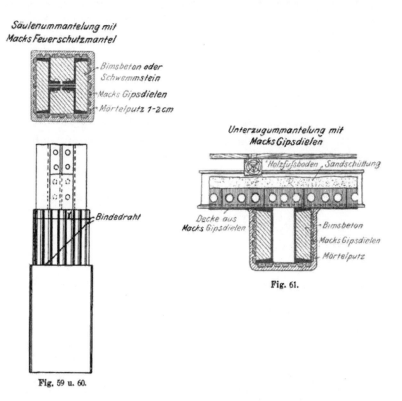

Fig. 59 u. 60.

Fig. 61.

Die auf diese Weise hergestellten Ummantelungen sind zweifellos gegen äußere Einflüsse widerstandsfähiger, als die nach Angabe der Fabrik ausgeführten. Indessen darf hieraus nicht der Schluß gezogen werden, daß das fabrikseitig vorgeschlagene Verfahren deshalb zu verwerfen sei.

Über das Verhalten derartig ummantelter Säulen und Unterzüge im Feuer ist im Jahre 1901 in Stuttgart (vgl. „Feuer und

Wasser" 1902 Nr. 1) eine Brandprobe angestellt worden. Nach dem Berichte über diese Proben waren die Säulen und Unterzüge mit dem 20 mm starken Feuerschutzmantel bekleidet; letzterer war mit 1 bis 2 cm starkem Mörtelputz versehen. In dem Probehäuschen wurde nach ³/₄ stündiger Brenndauer eine Temperatur von 850 bis 950° C festgestellt. Hierauf wurden die Säulenummantelungen der Einwirkung des Wasserstrahles einer Feuerspritze unterworfen. Die Ummantelung erwies sich als gutes Isoliermaterial und standfest gegen die Wirkung des Feuers. Durch das Anspritzen erfolgte eine unbedeutende Beschädigung des Verputzes.

Der Preis des Mack'schen Feuerschutzmantels mit 2 cm starkem Zementputz stellt sich auf etwa 4,00 bis 5,00 M.

Ummantelung mit „Feuertrotz".

Eine eigenartige Ummantelung, D. R. P. 103 180 und 103 534 liefert die „Deutsche Feuertrotz-Gesellschaft" Berlin und Hannover.

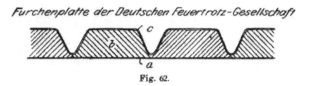

Furchenplatte der Deutschen Feuertrotz-Gesellschaft

Fig. 62.

Die Ummantelung besteht aus der Furchenplatte und der Sinterschicht. Die Furchenplatte Fig. 62 sieht in ihrer Form dem Mack'schen Feuerschutzmantel sehr ähnlich, d. h. sie ist wie diese aufrollbar und paßt sich daher an gekrümmte oder eckige Flächen leicht an.

Auf ein loses gazeartiges Gewebe a sind trapezförmige Lamellen b aufgebracht, deren Hauptbestandteil Kieselguhr ist. An ihrer Außenseite werden sie durch eine brennbare Schicht c eingehüllt, die aus organischen Stoffen, z. B. Wollstaub usw. und auch Sägespänen, besteht. Die auf die Furchenplatte aufzubringende, aus Ton und dergleichen Stoffen bestehende Sinterschicht ist mörtelartig und wird an Ort und Stelle zu einem Brei verarbeitet. Sie besitzt die Eigenschaft, sich unter dem Einflusse des Feuers in eine schlackenartige Masse zu verwandeln.

Die Firma bezweckt mit diesen drei verschiedenen Schichten nach den Mitteilungen der Patentschriften (vgl. auch Deutsche Bauzeitung 1900 S. 564) folgendes:

Die unterste Schicht a—b ist ein Isoliermittel und schützt den Eisenkern vor hohen Wärmegraden. Die Schicht c, die „veraschende Schicht", wird unter dem Einfluß hoher Wärme in Asche verwandelt. Hierbei wird einerseits, da die Veraschung unter dem Schutze der äußeren Schicht, der Sinterschicht, also bei sehr geringer Sauerstoffzufuhr erfolgt, eine gewisse Wärmemenge verbraucht, demnach von der inneren Schutzschicht abgehalten, während andererseits nach vollzogener Veraschung diese Hülle als schlechter Wärmeleiter dem Vordringen der Wärme entgegenwirkt. Mit der äußeren, der Sinterschicht, endlich bezweckt die Firma, ein Material zu liefern, das in versintertem Zustande gegen Anspritzen möglichst widerstandsfähig ist. Zur Bildung der Sinterkruste wird das Feuer selbst benutzt. Hierbei macht sich noch der Vorteil geltend, daß zur Sinterung ebenfalls eine gewisse Wärmemenge verbraucht wird, die demnach nicht zur Wirkung auf den unter der Sinterkruste befindlichen Wärmewiderstand gelangt.

Das Verfahren, Eisenkonstruktionen zu ummanteln, ist das folgende:

Um die Säule, Fig. 63 und 64, wird die Furchenplatte gelegt und mit Bindedraht festgebunden. Die Fugen werden mit Feuertrotz-Sintermasse verstrichen; darauf wird die Sinterschicht in Stärke von etwa 15 mm aufgetragen und auf diese zur Erhöhung der Festigkeit Zementmörtel in dünner Schicht aufgebracht. Weiterhin kann dann ein Eisenmantel (vgl. Fig. 15 bis 19) umgelegt werden.

Eine in gleicher Weise ummantelte Säule aus Walzeisen zeigt Fig. 66 im Querschnitt.

Aus Fig. 65 ist die Ummantelung eines Unterzuges erkennbar.

Erfahrungen darüber, wie die beschriebene Ummantelung sich bewährt hat, liegen auf Grund mehrfacher Brandversuche vor. Bei einem Versuche in Hannover 1899 ergab sich bei $2^1/_2$ stündiger Branddauer nach eingelegten Schmelzproben eine Temperatur von etwa 1250° C im Probehäuschen, während die Temperatur an der Säulenoberfläche unter 230° C blieb. Durch Anspritzen erlitt die Ummantelung, deren äußere Schicht versintert war, abgesehen von kleineren bis zu 15 mm tiefen Rissen, keinerlei Verletzungen.

Die Königliche mechanisch-technische Versuchsanstalt zu Charlottenburg stellte 1901 ebenfalls mehrere Versuche mit der Feuer-

trotz-Ummantelung an. Die Ergebnisse lauten in gleicher Weise günstig, wie bei den Hannoverschen Versuchen, sowohl bezüglich der Isolierfähigkeit als auch der Widerstandsfähigkeit gegen Feuer und Wasser.

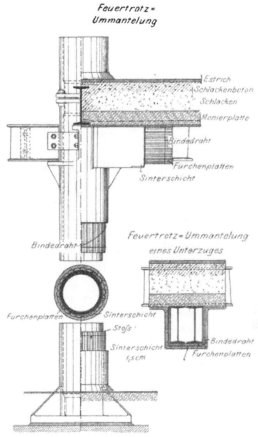

Fig. 63 bis 65.

Auf Grund dieser Versuche sind behördliche Genehmigungen zur Ausführung von Feuertrotz-Ummantelungen erteilt in den Städten Berlin mit verschiedenen Vororten, Hannover, Braunschweig und Frankfurt a./M.

Die Kosten für 1 qm der fertigen Ummantelung bestehend aus der Furchenplatte mit 15 mm starker Sinter- und dünner Zementputzschicht stellen sich auf 4,00 bis 5,00 M.

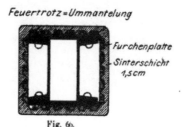

Fig. 6b.

Ummantelung mit „Plutonit".

Ein Material, das unter dem Einflusse hoher Wärme ebenfalls sintert, ist die Asbest-Feuerschutzmasse „Plutonit". Die Masse wird in Teigform in den Handel gebracht und an der Verbrauchsstelle mit 25% Gewichtsteilen Zement unter Zusatz von etwas Wasser gleichmäßig durchgeknetet. Ihr spez. Gewicht in erhärtetem Zustande ist etwa 0,95. Nach Angabe der Fabrik haftet sie gut am Eisen und greift es nicht an.

Die fertige Masse wird auf den zu ummantelnden Eisenteil möglichst in einer Schicht aufgetragen. Eine 3 cm starke Ummantelung soll hinreichend sein.

Bei einer Brandprobe der mechanisch-technischen Versuchsanstalt Charlottenburg wurden schmiedeeiserne Röhren von 700 mm Länge und 90 mm äußerem Durchmesser, die mit einem 5 cm starken Mantel dieser Art versehen waren, dem Holzkohlenfeuer eines Schmiedeherdes unter beständiger Drehung ausgesetzt. Nach Beendigung der Feuerprobe, die 1½ bis 2 Stunden dauerte, zeigte sich der Mantel an den feuerberührten Stellen gesintert und hatte Risse, die bis zu 14 mm Tiefe gingen, erhalten. Durch das Bespritzen aus einem an die Wasserleitung angeschlossenem Schlauche wurden Zerstörungen nicht hervorgerufen. Nach der Abkühlung konnte der gesinterte Teil nur mit Meißel und Hammer entfernt werden. Die Temperaturen betrugen an der Mantelaußenfläche im Mittel 1100° C, an der Rohroberfläche weniger als 200° C.

Die Kosten der fertigen Ummantelung mit „Plutonit" betragen 9,00 bis 10,00 M. für 1 qm Fläche.

Ummantelung mit Asbestzement.

Das Ummantelungsmaterial, genannt Asbestzement, wird in Pulverform in zwei Sorten, Marke A, schnell bindend, und Marke B,

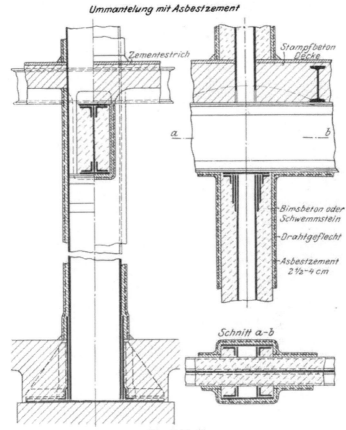

Fig. 67 bis 69.

langsam bindend, geliefert; es wird an Ort und Stelle mit Wasser zu einem dicken Teig ohne Zusatz von Sand angerührt.

Auf 100 kg der Marke A werden etwa 40 kg, auf 100 kg der Marke B etwa 35 kg Wasser gegeben.

Zur Ummantelung eiserner Säulen findet Marke B Verwendung. Die Säule, Fig. 67 bis 69, deren durch vorstehende Flanschen an

der Außenfläche gebildete Hohlräume im vorliegenden Beispiele mit Bimsbeton oder Schwemmsteinen ausgefüllt sind, wird mit verzinktem Drahtgeflecht von etwa 20 bis 25 mm Maschenweite oder mit Streckmetall umgeben.

Zwischen Säule und Drahtgeflecht verbleibt ein Abstand von etwa 2 cm, so daß das letztere in der demnächst aufzutragenden Schutzmasse eingebettet liegt. Damit der Zwischenraum gleichmäßig wird, werden unter das Drahtgeflecht in Entfernungen von rund 20 cm Stückchen aus Asbestzement eingeklemmt, die etwa 3 Tage früher anzufertigen sind. Hierauf wird die Schutzmasse, in der Regel 2,5 cm dick, gleich in voller Stärke auf die Säule aufgetragen. Soll der Raum, in dem sich die Säulen befinden, zur Aufspeicherung besonders feuergefährlicher Gegenstände benutzt werden, so ist eine stärkere Umhüllung, etwa 3—4 cm dick, zu nehmen. In diesem Falle kann die Ummantelung in zwei Schichten aufgetragen werden. Hierbei ist zur Erzielung einer innigen Verbindung beider Schichten zu beachten, daß die erste Schicht beim Auftragen der zweiten noch nicht erhärtet sein darf, und daß außerdem die etwa auf ihr befindliche Haut sorgfältig abgekratzt wird.

Nach 24 bis 36 Stunden, je nach der Temperatur, wird die Ummantelung abgeglättet oder abgerieben, nachdem zuvor die inzwischen entstandene bläulich aussehende Haut abgekratzt ist. Etwa 2 bis 3 Tage nach der Herstellung ist die Ummantelung mehrere Male möglichst stark zu nässen. Liegt die Gefahr von Beschädigungen im Betriebe vor, so wird das Ganze noch mit dem auf Seite 29 beschriebenen Blechmantel umgeben.

Zur Ummantelung eiserner 'Unterzüge mit Asbestzement findet die schnell bindende Marke A Verwendung. Die Hohlräume des in Fig. 67 bis 69 dargestellten Unterzuges sind zunächst wieder mit Schwemmsteinmauerwerk oder Bimsbeton ausgefüllt, dann ist, wie bei den Säulen, das Drahtnetz umgelegt und hierauf die Schutzmasse in 2,5 bis 4 cm Stärke aufgetragen.

Von diesem schnell bindenden Material darf jedesmal nur soviel angerichtet werden, als innerhalb der nächsten 10 Minuten verarbeitet werden kann.

Die Urteile über die Verwendbarkeit des Asbestzementes als Feuerschutzmaterial lauten verschieden. Bei den Hamburger Versuchen zeigte sich, daß bei Stützen, die mit 4 cm starkem Asbestzementmantel geschützt waren, die Tragfähigkeit nach $3^1/_2$ bis $4^1/_2$ stündiger Brandprobe erschöpft war, wobei die Wärme an der

Außenseite des Mantels bis 1200° C betrug. Die Erwärmung rief Rissebildung hervor, das nach Eintritt der Tragunfähigkeit vorgenommene Anspritzen Zerstörung. Bei den Stude'schen Brandversuchen bewährte sich die Asbestzementummantelung bei einstündiger Versuchsdauer und etwa 1000° C höchster Wärme gut im Feuer und wurde auch durch das Ablöschen nicht beschädigt. Ob der Wasserstrahl längere Zeit unmittelbar auf die Ummantelung gerichtet wurde, ist aus dem Bericht nicht zu entnehmen. Bei wiederholt angestellten Brandversuchen der Altonaer Feuerwehr erwiesen sich Asbestzementummantelungen in jeder Hinsicht als zweckmäßig, während ein von der Stettiner Feuerwehr angestellter Brandversuch wohl Feuersicherheit, nicht aber genügende Haltbarkeit bei längerem starken Anspritzen ergab.

Die Baupolizei in Hannover genehmigte durch Verfügung vom 25. September 1901 die Verwendung von Asbestzement zu feuersicheren Ummantelungen.

Die Kosten für 1 qm fertiger Asbestzementummantelung von 2,5 cm Stärke betragen 4,00 bis 5,00 M., von 4 cm Stärke 6,00 bis 7,00 M.

Ummantelung mit Asbest-Kieselguhr-Zement.

Ummantelungen mit Asbest-Kieselguhr-Zement bestehen aus Kieselguhr-Zement und Asbestfaser. Das Material wird am Orte der Verwendung mit Wasser angerührt. Besonders geschulte Arbeiter sind für diese Arbeit nicht erforderlich.

Das spez. Gewicht der Masse beträgt etwa 0,6.

Der Feuerschutz wird in mehreren Schichten auf die zu ummantelnden Eisenkonstruktionen, die vorher gut zu reinigen sind, in Stärke von 25 bis 30 mm aufgetragen. Um diesen Mantel wird verzinktes Drahtgeflecht oder Streckmetall gelegt und dann ein Verputz aus Zementmörtel aufgebracht. Für den Verputz wird auch eine besondere Mörtelmischung, bestehend aus Kieselguhr, Zement, Asbestfaser und Schamottmehl verwendet.

Bei einer amtlichen Brandprobe in Hannover im Jahre 1901 zeigte die Ummantelung gutes Wärmeschutzvermögen, Ausdauer gegen Hitzewirkung und genügenden Widerstand gegen Anspritzen.

Nach baupolizeilicher Verfügung vom 25. September 1901 darf die Masse in Hannover zu feuersicheren Ummantelungen verwendet werden.

Die Kosten für 1 qm der beschriebenen Ummantelung betragen etwa 4,00 bis 5,50 M.

Ummantelung mit Asbest-Kieselguhrmatratzen.

Bei den Hamburger Brandversuchen wurde eine 5 cm starke aus Asbest-Kieselguhrmatratzen bestehende Ummantelung einer belasteten Gußeisensäule erprobt. Nach dem Kommissionsbericht 1897 S. 25 bis 27, S. 80 u. 81 war der Mantel aus zwei Doppelmatten von je $2^1/_2$ cm Dicke hergestellt, von denen jede aus zwei mit Asbestfäden aufeinander genähten Matten bestand. Die Doppelmatten enthielten in einem Gewebe, das aus reinem Asbestgarn bestand, eine Füllung von Isoliermaterial. Letzteres war ein inniges mechanisches Gemenge von $25^0/_0$ kalzinierter Kieselguhr und $75^0/_0$ Asbestfasern. Jede Matte war in Abständen von etwa 7 cm mit Steppstichen versehen. Die senkrechten und wagerechten Fugen jeder Doppelmatte waren mit versetztem Stoß ausgebildet, indem eine Matte die andere lappenartig überragte. Das Asbestgewebe ließ sich wie jedes grobe Tuch mit Messer und Scheere schneiden, während das Isoliermaterial bei seiner losen Schichtung widerstandslos in jede gewünschte Form gebracht werden konnte. Die einzelnen Teile wurden bei der Montage mit Asbestfäden zusammengenäht, die Fugen durch Asbeststreifen übernäht und die gesamte Ummantelung mittels umgelegter eiserner Schellen auf starke Asbeststreifen gepreßt, durch welche zwischen Mantel und Säule eine Luftschicht hergestellt wurde.

Die mechanische Festigkeit der Ummantelung war dem Bericht zufolge nicht so groß, daß sie herunterfallenden Bauteilen hinreichenden Widerstand hätte leisten können.

Der Versuch dauerte etwa 7 Stunden, wobei die höchste Wärme an der Mantelaußenseite 1200 bis 1250° C betrug. Die Erwärmung rief keine nennenswerte Beschädigungen der Ummantelung hervor. Der Mantel zeigte hervorragendes Wärmeschutzvermögen, indem die Tragfähigkeit der Stütze trotz der langen Versuchsdauer nicht erschöpft wurde.

Das zum Schluß des Versuches vorgenommene Anspritzen verursachte rasche Zerstörung des Mantels.

Durch Umgebung der beschriebenen Ummantelung mit Drahtgeflecht oder Streckmetall mit Putzschicht und bei Fortlassung der Luftschicht würde man zweifellos die Festigkeit wesentlich erhöhen und damit eine sehr geeignete Feuerschutzverkleidung erhalten können.

Vc. Feuersichere Decken.
Allgemeines.

Durch feuersichere Decken soll einem etwa ausbrechenden Feuer die Möglichkeit abgeschnitten werden, von einem Stockwerk in das höhere oder tiefere überzuspringen. Zu diesem Zwecke darf einerseits der Baustoff der Decken dem Feuer keine Nahrung bieten, d. h. er muß unverbrennlich sein; andererseits dürfen die Deckenträger, falls solche vorhanden sind, durch die Wirkung des Feuers keine Zerstörung erleiden, die den Einsturz herbeiführen könnte. Werden Eisenträger — im allgemeinen I-Eisen — benutzt, so müssen sie gegen die Wirkung hoher Wärmegrade geschützt werden.

Die hier in Betracht kommenden Decken stützen sich entweder als gewölbte oder scheitrechte Gewölbe mit Seitenschub gegen die Träger oder sie sind einfach auf diesen aufgelagert.

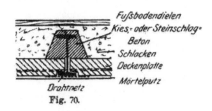

Fußbodendielen
Kies- oder Steinschlag-
Beton
Schlacken
Deckenplatte
Mörtelputz
Drahtnetz
Fig. 70.

Dem Zwecke des vorliegenden Buches entsprechend empfiehlt sich die Einteilung der feuersicheren Decken in solche, deren Tragplatten — mit oder ohne Seitenschub — auf den Träger-Unterflanschen, und in solche, deren Platten auf den Trägeroberflanschen aufgelagert sind.

Die erstere, weitaus gebräuchlichere Art von Decken hat vor der anderen den großen Vorzug, daß die Deckenplatte selbst zur Umhüllung der unteren Trägerteile benutzt wird. Die oberen Trägerteile bettet man, falls die Höhe der Deckenplatte an den Auflagerstellen geringer ist als die der Träger, zweckmäßig in Kies- oder Steinschlagbeton ein, wie in Fig. 70 an einem Beispiele erläutert, um einerseits eine steife Verbindung zwischen Platte und Träger zu schaffen, andererseits zu vermeiden, daß der Füllstoff, namentlich schwefelhaltige Schlacken, die die Rostbildung des Eisens fördern, den Träger berührt. Wo besondere Gründe vorliegen, die Feuersicherheit der Decken noch zu erhöhen, empfiehlt es sich, auch die Trägerunterflanschen zu ummanteln.

Bei der zweiten Art von Decken, bei welcher die Deckenplatte auf den Trägeroberflanschen ruht, fällt Ausfüllung von Zwischenräumen mit Schlacken u. dergl. fort; dagegen liegen hier die Träger nach unten hin frei und müssen daher ummantelt werden. Gestattet die Bauart der Deckenplatte große Spannweiten der Deckenfelder, so empfiehlt sich diese Anordnung immerhin; bedingt sie dagegen enge Trägerlagen, sodaß die Zahl der zu ummantelnden Träger groß wird, so erhält die Decke ein unschönes Aussehen und wird sehr teuer. Diese Art von Decken ist daher inbezug auf den Schutz gegen Feuer nicht so zweckmäßig wie die erstere.

Dementsprechend sind im Folgenden die Decken ersterer Art vorwiegend berücksichtigt. Da bei diesen die Deckenplatten gleichzeitig Ummantelungskörper sind, so erscheint es angebracht, nicht die Trägerummantelungen als solche, sondern die vollständigen Deckenplatten, ihre Zusammensetzung, Herstellung, Eigenarten usw. zu beschreiben.

Unter der großen Zahl der gebräuchlichen Deckenkonstruktionen konnten nur einige typische Beispiele herausgegriffen werden. Auch sind nur solche Decken behandelt worden, die eiserne Deckenträger enthalten; von einer Beschreibung der trägerlosen Decken, die in das Gebiet des reinen Massivbaues hinübergreifen, ist dem Zwecke der vorliegenden Schrift entsprechend abgesehen worden.

Es mag hier erwähnt werden, daß die größere Zahl der massiven Decken zu ihrer Herstellung Holzunterschalung erfordert, die nach dem Abbinden der Decken entfernt wird. Die Zeitdauer bis zum Abbinden und zur Erlangung der Tragfähigkeit ist sehr verschieden, sie richtet sich zunächst nach der gewählten Deckenanordnung und der Spannweite, dann aber auch nach der Jahreszeit. Durch trockene Witterung wird das Abbinden beschleunigt, durch feuchte verzögert, durch Frost unterbrochen.

Die bei den folgenden Beschreibungen von Decken angegebenen Gewichte und Preise gelten nur für die fertiggestellten Deckenplatten, die Preise für die Deckenträger, etwaige Auffüllung, den Fußbodenbelag, Estrich, Deckenputz usw. sind also nicht einbegriffen.

Vc₁. Decken, bei denen die Tragplatten auf den Trägerunterflanschen aufgelagert werden.

Der Baustoff für die Deckenplatten kommt in fester oder loser Form zur Anlieferung. Zu ersterer Art gehören die Decken aus Steinen und fertigen Platten, zu letzterer die aus mörtelartigen Stoffen hergestellten Decken.

Kappengewölbe aus Backsteinen oder Schwemmsteinen.

Unter den Steindecken verdient in erster Linie das Kappengewölbe aus Backstein- oder Schwemmsteinmauerwerk Fig. 71 erwähnt zu werden.

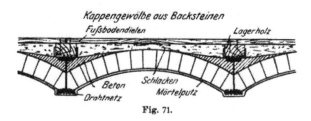

Fig. 71.

Bauart und Herstellungsweise sind bekannt und bedürfen keiner weiteren Erörterung. Die Brandberichte über die Bewährung dieser Decken im Feuer lauten durchweg äußerst günstig.

Der Preis für 1 qm Kappengewölbe von der Stärke eines halben Backsteines beträgt ausschließlich der Träger und des Deckenputzes je nach der Spannweite 3,50 bis 5,00 M.

Decke aus porösen feuersicheren Hohlsteinen.

Die vorbeschriebene Decke aus Backsteinen hat den Mangel verhältnismäßig großen Eigengewichts; das Bestreben, es zu vermindern, hat zur Anwendung von Hohlsteinen geführt.

Die Fig. 72 und 73 stellen scheitrechte Decken aus porösen feuersicheren Hohlsteinen dar. Diese Hohlsteine bestehen aus feingemahlenem Kaolin und weißbrennendem Ton. Ihre Höhe beträgt je nach Entfernung und Belastung der Träger 10 bis 15 cm. Die Steine werden auf ebener Verschalung zwischen den Deckenträgern, deren Abstand 0,85 bis 1,00 m beträgt, mit Zementmörtel vermauert. Die Stoßfugen werden zweckmäßig gegen einander versetzt. Der Trägerunterflansch wird durch passende keilförmige Steine geschützt.

Die Kosten von 1 qm Deckenplatte betragen bei 10 cm starker Platte etwa 5,00 M., bei 15 cm starker Platte etwa 7,00 M.

Die schwächeren Platten wiegen im Mittel etwa 120 kg/qm; die stärkeren etwa 180 kg/qm.

Amerikanische Decken aus Terrakotten.

Figur 74 stellt eine der vorigen ähnliche scheitrechte Decke aus Terrakotten, wie sie in Nordamerka üblich sind, dar (vergl.

Freitag, The Fireproofing of Steel-Buildings, Chicago 1899, Seite 151
u. 159), Figur 75 eine ebensolche Decke mit gewölbter Untersicht.

Nach gleichen Grundsätzen wie die in den Figuren 72 bis 75
dargestellten Decken sind gebaut:

Decke aus porösen Hohlsteinen

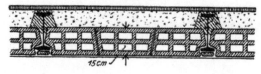

Schlackenbeton — *Estrich*

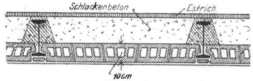

Fig. 72 u. 73.

Amerikanische Decken aus Terrakotten

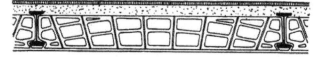

Fig. 74.

Fig. 75.

die Wingen'sche Decke, D. R. P. Nr. 70873, beschrieben in der
Deutschen Bauzeitung 1894, Seite 217;

die Laporte'sche Gewölbedecke mit ebener Unter- und Oberfläche, beschrieben in der Deutschen Bauzeitung 1886 Nr. 34
und 1895 Nr. 86;

die sog. englische Decke, beschrieben in der Deutschen Bauzeitung 1895 Nr. 86 und im Zentralblatt der Bauverwaltung
1886, Seite 32;

die Schneider'sche Isolierbimssteindecke, beschrieben in der
Deutschen Bauzeitung 1893, Seite 399.

Förster'sche Massivdecke.

Bei der Förster'schen Massivdecke, Figur 76 bis 81, besteht die Deckenplatte aus porösen Hohlsteinen (vergl. Zentralblatt der Bauverwaltung 1897, Seite 587) aus gebranntem Ton, die auf beiden Seiten je zwei entgegengesetzte Widerlager a, b besitzen, Figur 76 u. 77. Die Steine werden mit Zementmörtel im Verband zwischen

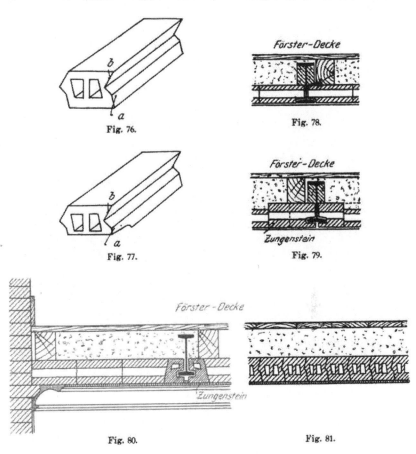

Fig. 76.

Fig. 78.

Fig. 77.

Fig. 79.

Fig. 80.

Fig. 81.

den Deckenträgern vermauert. Damit untere Deckenfläche und Trägerunterflansch bündig liegen, werden die auf letzterem lagernden Steine ausgeklinkt, oder es werden an den Auflagerstellen mit entsprechender Ausklinkung versehene Steine verwendet, Fig. 77 u. 78. Unter den Trägerflanschen wird ein an der Decke befestigtes Draht-

netz gespannt oder um den Flansch herumgelegt, dann wird unter die ganze Fläche Putz aufgetragen.

Statt der ausgeklinkten Steine werden auch Zungensteine, Fig. 79 u. 80, verwendet, die den Trägerunterflansch vollkommen umhüllen und somit guten Schutz gewährleisten.

Mehrere Brand- und Belastungsproben haben ergeben, daß die Decke weitgehenden Anforderungen genügt.

Es werden 10 und 13 cm hohe Steine verwendet.

Die Kosten für 1 qm fertiger Deckenplatte betragen 3,00 bis 4,00 M. je nach Höhe der Steine.

Das Eigengewicht der Platte beträgt nach Angabe des Lieferanten etwa 100 kg/qm.

Der Förster'schen Massivdecke mehr oder weniger gewandt sind:

die Dressel'sche Massivdecke aus Hohlsteinen, D. R. G. M. Nr. 105 055 und 158 631 (Dressel-Gera-Reuss);

die Richter'sche Massivdecke;

die Scheinpflug'sche Decke, D. R. P. Nr. 112 270, beschrieben im Zentralblatt der Bauverwaltung 1900, Seite 556;

die Otte'sche Decke, D. R. P. Nr. 114 257, beschrieben im Zentralblatt der Bauverwaltung 1901, Seite 236;

die Hansons'sche Decke, D. R. P. Nr. 97 369, beschrieben im Zentralblatt der Bauverwaltung 1899, Seite 312.

Körting'sche – Decke

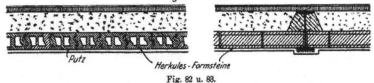

Putz — Herkules - Formsteine

Fig. 82 u. 83.

Decke aus Omega-Steinen

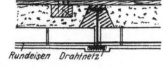

Rundeisen — Rundeisen Drahtnetz

Fig. 84 u. 85.

Körting'sche Decke und Omega - Decke.

Die Körting'schen Decken aus sogenannten Herkules - Formsteinen, D. R. G. M. 113 531, Fig. 82 u. 83, sowie die Decken aus „Omega"-Steinen, Fig. 84 u. 85, D. R. G. M. 112 768, besitzen Eisen-

Einlagen. Sonst sind sie in ihrer Wirkungsweise der Förster'schen Decke nicht unähnlich.

Anker-Dübel-Decke.

Die Deckenplatte der sog. Anker-Dübeldecke, D. R. P 125 725, D. R. G. M. 139 034, Fig. 86 u. 87 besteht aus zweierlei Schichten, den tragenden und den lastenden Schichten. Erstere, in Fig. 87 mit a bezeichnet, werden aus zwei Reihen von Hohlformsteinen gebildet, so daß ein trapezartiger Querschnitt entsteht; die dübelartig gestalteten Zwischenfugen beider Reihen erhalten Einlagen aus

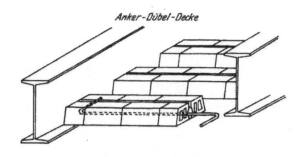

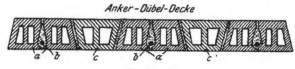

Fig. 86 u. 87.

Rundeisen b zur Aufnahme der Zugspannungen. Die lastenden Schichten c werden aus nur einer Reihe von Hohlformsteinen trapezartigen Querschnitts hergestellt, wie aus den Abbildungen ersichtlich und unter Verwendnng von Zementmörtel zwischen zwei benachbarte Trageschichten eingekeilt und von diesen getragen. Die Rundeisenstäbe werden an ihren Enden, d. h. vor den Trägerstegen rechtwinklig umgebogen.

Das Eigengewicht von 1 qm Deckenplatte beträgt etwa 100 kg; der Preis etwa 3,50 bis 4,50 M.

Kleinesche Decke.

Zu den Decken mit Eisen-Einlage gehört ferner die seit langer Zeit bewährte Kleine'sche Decke, D. R. P. 71 102, 75 238, 81 123, 80 653.

Zur Herstellung eignet sich jedes ortsübliche Steinmaterial; es kommen daher sowohl gewöhnliche Voll- und Hohlziegel von Normalformat, als auch porige Lochsteine oder Schwemmsteine von anderen Abmessungen zur Anwendung. Die Steine werden je nach Trägerentfernung und Belastungsgröße flachseitig oder hochkantig oder flachseitig abwechselnd mit hochkantigen Verstärkungsrippen vermauert. Zur Herstellung ist Zementmörtel erforderlich. Das

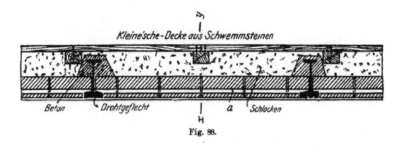

Fig. 88.

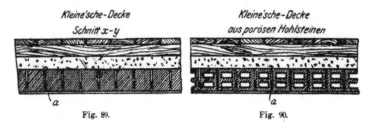

Fig. 89.   Fig. 90.

Wesentliche bei der Decke sind die in sämtliche quer zur Trägerachse liegende Fugen eingebrachten Einlagen aus Bandeisen, die, hochkantig auf die Trägerunterflanschen gestellt, der Decke große Biegungsfestigkeit verleihen. Die Stärke der Eiseneinlage richtet sich nach der Spannweite und dem Verwendungszweck der Deckenplatte; ihr Querschnitt beträgt 1×25 bis 2×35 mm.

Für die Ausführung ist zu beachten, daß die Schalbretter genügend stark gewählt werden müssen, damit sie sich nicht durchbiegen. Die Stoßfugen werden in Verband angeordnet, während die Lagerfugen zum Zweck der Aufnahme der Bandeisen von Träger zu Träger durchgehen müssen. Auf die fertige Decke wird ein 1 cm starker Verputz gebracht. Fig. 88 u. 89 zeigen in 2 Schnitten eine Kleine'sche Decke aus Schwemmsteinen von $12 \times 25 \times 10$ cm mit Bandeisen a, Fig. 90 eine solche aus porösen Lochsteinen desselben

Formats. In Fig. 91 u. 92 ist eine $^1/_2$ Stein starke Decke aus normalen Ziegeln dargestellt. Die Trägerunterflanschen sind hierbei durch besonders gestaltete Formsteine umhüllt.

Brandproben mit Kleine'schen Decken haben wiederholt stattgefunden und befriedigende Ergebnisse geliefert.

Auch bei Brandfällen haben sich die Decken überall gut bewährt.

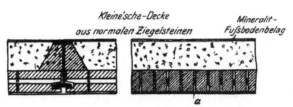

Fig. 91 u. 92.

Das Eigengewicht der Decken ist je nach der Art der verwendeten Steine verschieden; es empfiehlt sich daher, es in jedem Einzelfalle besonders zu berechnen.

Der Preis von 1 qm der Deckenplatte beträgt 3,00 bis 5,00 M.

Die in Berlin zulässigen Spannweiten ergeben sich aus folgender Zusammenstellung:

Art der Benutzung	Deckenplatten aus porigen Lochsteinen		Deckenplatten aus Vollziegeln von Normalformat	
	15 cm stark	10 cm stark	$^1/_2$ Stein stark	$^1/_4$ Stein mit $^1/_2$ Stein starken Verstärkungsrippen
	m	m	m	m
Wohngebäude	2,85	1,90	2,40	1,95
Geschäfts-, Lager- und Fabrikgebäude sowie Treppen	2,05	1,60	1,75	1,40
Hof- und Durchfahrts-keller	—	—	1,50	—

Eine Abart der Kleine'schen Decke ist die Schürmann'sche sog. Gewölbeträgerdecke (vergl. Deutsche Bauzeitung 1896, S. 423) mit 60 mm hohen 1,25 mm starken Wellblechschienen, d. h. ab-

wechselnd nach rechts und links birnenförmig ausgebeulten Flacheisen, Fig. 93, durch deren Form eine größere Haftfähigkeit des
Mörtels erreicht werden soll. Die Schienen werden nur in jede
dritte bis fünfte Schicht gelegt und sollen den zwischenliegenden
als scheitrechte Bögen mit Seitenschub in Richtung der Haupt-
deckenträger wirkenden Felder als Widerlager dienen, Fig. 94 u. 95.

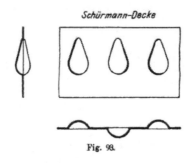

Schürmann-Decke

Fig. 93.

Schürmann-Decke.

Fig. 94. u. 95.

Als Steinmaterial können poröse Steine, Lochsteine oder
Schwemmsteine verwendet werden.

Der Preis ist etwa der gleiche wie der für die Kleine'sche Decke.

Der Kleine'schen und Schürmann'schen Decke ähnlich sind:

die Fröhlich'sche Decke, D. R. G. M. Nr. 118 544, beschrieben im
Zentralblatt der Bauverwaltung 1899, Seite 524;

die Fröhlich'sche eisenarmierte Betonrippenplatte mit Hohlstein-
füllung der Rippenschzwischenräume, D. R. G. M. Nr. 149 657,
beschrieben im Zentralblatt der Bauverwaltung 1902, Seite 576;

die Weyhe'schen Decken, D. R. P. Nr. 81 135 u. 82 941 mit und
ohne Seitenschub der Eisen-Einlage auf die Deckenträger
beschrieben im Zentralblatt der Bauverwaltung 1896, Seite 200;

die Bruno'sche Decke mit verzinkten Drahtgewebestreifen, D.
R. P. Nr. 81 123, beschrieben im Zentralblatt der Bauverwaltung 1896, Seite 200.

Hohlziegeldecke.

Die Hohlziegeldecke nach Fig. 96 und 97 von Schmidt & Weimar wird mit Spannweiten bis 1,70 m für Wohngebäude, bis 1,20 m für Fabrikgebäude ausgeführt. Zum Tragen der einzelnen Steinreihen kommen hier ⊥-Eisen N. P. $\frac{2}{2}$· in Anwendung. Die Begrenzungsfläche der Steine parallel zu den genannten ⊥-Eisen ist knieartig ausgebildet.

Hohlziegel-Decke

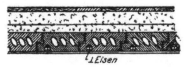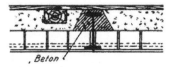

Fig. 96 u. 97.

Gewisse Ähnlichkeit mit den beiden zuletzt beschriebenen Decken besitzen:

- die Hercules-Decke von Häupter & Geppert, beschrieben Deutsche Bauzeitung, 1899, Seite 409,
- die Donath'schen Hohlsteindecken (3 Arten), beschrieben Zentralblatt der Bauverwaltung, 1897, Seite 578, Deutsche Bauzeitung, 1898, Seite 339 und 1900, Seite 543,
- die Czarnikow'sche Decke nach Bauart Moßner (D. R. G. M.), beschrieben Zentralblatt, 1897, Seite 578 und Deutsche Bauzeitung, 1896, Seite 135,
- die amerikanische Plattendecke, beschrieben Deutsche Bauzeitung, 1895, No. 86.

Weysser-Decke.

Unter den aus fertigen Platten hergestellten Decken ist die Weysser-Decke zu nennen. Sie wird aus hohlen unter Zusatz von Schlacken hergestellten Zementplatten mit Eiseneinlage gebildet. Fig. 98 bis 102 zeigen zwei Beispiele der Ausführung.

Wie ersichtlich, werden die Platten sowohl flach, Fig. 98 bis 100, oder konsolartig, Fig. 101 und 102, und zwar in Dicken von 7 und 10 cm ausgeführt. Sie besitzen in der Regel, wie hier angegeben, Ausklinkungen an den Stellen, mit denen sie am Trägerunterflansch aufliegen und an den Längsseiten Nut und Feder. Bemerkenswert ist bei diesen Platten, daß ihre Fugen nicht senkrecht, sondern schräg zur Trägerlängsachse verlaufen, Fig. 98.

Weysser-Decke

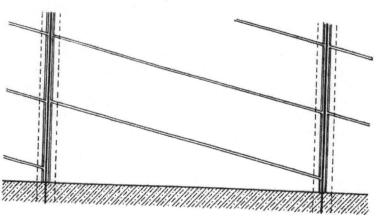

Fig. 98 bis 100.

Weysser-Decke

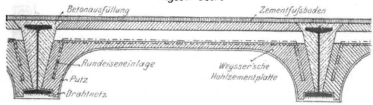

Schnitt durch die Platten

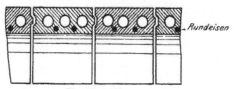

Fig. 101 u. 102.

Schutz von Eisenkonstruktionen.   5

Hierdurch wird ermöglicht, die Platten bequem zwischen die Träger von der Seite her einzubringen, ohne daß zu große Fugen zwischen Platten und Trägersteg entstehen. Zum rechtwinkeligen Abschluß der Deckenfelder werden Keilstücke, wie in Fig. 98 angegeben, benutzt. Auf die Deckenuntersicht wird Putz aufgetragen. Derselbe läßt sich auf die Platten, die infolge des Schlackenzusatzes rauhe Flächen besitzen, bequem und in dünner Schicht aufbringen und haftet gut. Das Eigengewicht dieser sehr tragfähigen Deckenplatten beträgt bei ebener Decke für 7 cm Stärke 100 kg/qm, für 10 cm Stärke 140 kg/qm. Das Gewicht der konsolartigen Platten, Fig. 101 und 102, ist etwas größer.

Die Platten werden in beliebiger Länge bis zu 1,40 m geliefert.

Die Kosten der Deckenplatte betragen bei Verwendung flacher Platten 4,50 M. bis 6,00 M. je nach Stärke, bei konsolartigen Platten 6,00 bis 9,00 M.

Den Weysser-Decken ähnlich ist:

die Stoltesche Decke aus Zementhohlplatten, beschrieben Zentralblatt der Bauverwaltung, 1897, Seite 50.

Zu den aus fertigen Platten hergestellten Decken gehören außerdem:

die Böcklensche Zementplattendecke (gewölbt), beschrieben Zentralblatt der Bauverwaltung, 1893, Seite 240,

die Decke von Derain & Dinz, beschrieben Deutsche Bauzeitung, 1893, Seite 500,

die Schmidtsche Decke, beschrieben Deutsche Bauzeitung, 1893, Seite 488.

die Twin-Arch-Decke aus Tonstücken, beschrieben Deutsche Bauzeitung, 1894, No. 81.

Decken, deren Materialien in loser Form zur Anlieferung kommen, werden mit Eiseneinlage entweder nach der Monier-Bauweise oder in Eisenbeton ausgeführt.

Stampfbeton-Decke.

Eine Ausnahme macht die Decke aus Zement-Stampfbeton ohne Eiseneinlage, Fig. 103. Es empfiehlt sich, diese Decke da anzuordnen, wo die Träger eng gelegt werden müssen, oder wo auf große Steifigkeit der Decke Wert gelegt wird, z. B. bei Belastung durch Maschinen, die Erschütterungen des Fußbodens bewirken, und bei Decken, auf denen schwere Waren bewegt werden.

Die Decke erfordert wegen ihres großen Gewichts viel Eisen für die Träger, Unterzüge und Stützen und ist daher verhältnißmäßig teuer.

Der Preis ist je nach den Verhältnissen verschieden und schwankt nach der Deckenstärke innerhalb weiter Grenzen.

Beispielsweise beträgt er für eine 22 cm starke Decke etwa 4,20 bis 5,00 M.

Betondecken können vorteilhaft mit Bimskies hergestellt werden. Da 1 cbm Bimskiesbeton nur etwa 1000 kg wiegt, so kann die Eisenkonstruktion um vieles leichter genommen werden, als bei Decken aus Fluß- oder Grubenkiesbeton.

Die Stampfbetondecke wird auch als Kappengewölbe ausgeführt, vergl. Fig. 45, S. 40.

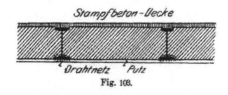

Fig. 103.

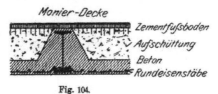

Fig. 104.

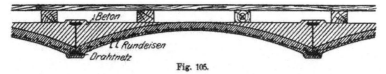

Fig. 105.

Monier-Decke.

Die Fig. 104 stellt eine flache, Fig. 105 eine gewölbte Monier-Decke dar.

Die Herstellungsweise ist bekannt.

Die Spannweite kann bis 2,50 m betragen.

Die Monier-Decken sind außerordentlich tragfähig, feuersicher und befähigt, den bei längerem Schadenfeuer etwa auftretenden

Formveränderungen der I-Träger zu folgen, ohne daß sie dadurch in ihrer Tragfähigkeit wesentlich beeinträchtigt werden; dabei sind sie widerstandsfähig gegen Stoß, sodaß nicht zu befürchten ist, es werde die Decke durch herabfallende Gegenstände zerschlagen werden.

Die Kosten der flachen Monierdecke nach Fig. 104 betragen etwa 6,00 bis 7,50 M., die der gewölbten nach Fig. 105 7,50 bis 9,00 M. für 1 qm.

Koenensche Plandecke.

Die Koenen'sche Plandecke, D. R. P., Fig. 106 und 107, ist eine mit Rippen und Hohlräumen versehene Betoneisenplatte, die mit einer unterhalb der Träger durchgehenden ebenen Decke verbunden ist. Wie aus dem Längsschnitt, Fig. 107, ersichtlich, sind in die Rippen Eisenstäbe in möglichst tiefer Lage eingebettet. Mit der tiefen Lagerung wird bezweckt, in dem Widerstandsmoment der Platte die Stäbe mit möglichst großem Hebelarm zur Wirkung kommen zu lassen. Die Entfernung der Rippen beträgt 25 cm.

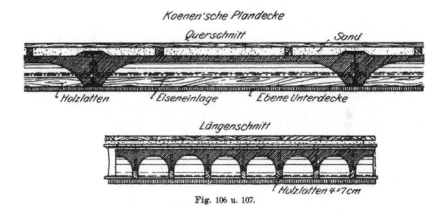

Fig. 106 u. 107.

Unter den Rippen sind in dem Beispiel Fig. 106 und 107 Hölzer von etwa 4 × 7 cm Stärke angeordnet, die auf den Trägerunterflanschen aufgelagert sind. An diesen Holzträgern wird die untere ebene Decke durch Vernagelung befestigt. Die Unterdecke wird durch Rohrputz, Gipsdielen, Drahtputz oder dergl. gebildet. Bei der Herstellung der Decke dienen die erwähnten Hölzer gleichzeitig als Schalungsträger für die Betondecke. Die Verschalung selbst wird aus einzelnen etwa 1 m langen Lehrbögen aus Eisenblech gebildet.

Man läßt auch wohl die Betonrippen so weit herabreichen, daß sie mit der Trägerunterfläche bündig liegen. Die Hölzer sind alsdann unten an den Trägern aufzuhängen und dienen in diesem Falle nur als Schalungsträger. Nach dem Abbinden der Betondecke werden sie entfernt. Zur Befestigung der ebenen Unterdecke werden hierbei Halter aus verzinktem Eisendraht, die im Rippenkörper fest einbetoniert sind, benutzt.

Die Koenensche Plandecke wird für Spannweiten bis zu 3,50 m aufgeführt.

Der Preis ausschließlich der Unterdecke und der Träger stellt sich auf 5,00 bis 6,25 M. für 1 qm, je nach der Spannweite.

Zu den Eisenbetondecken gehört außer den aufgeführten noch eine große Zahl anderer gebräuchlicher Konstruktionen. Kurz erwähnt seien folgende:

Die Holzer-Decke, Fig. 108, besitzt Eiseneinlage aus etwa 2 cm hohen I-Trägern, die auf die Unterflansche der Deckenträger in Abständen von 10 bis 25 cm frei aufgelegt werden. Ihre Enden sind gekröpft, so daß die Unterflächen der Decken- und Zwischenträger in einer Ebene liegen.

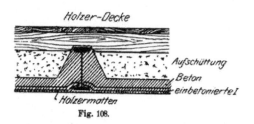

Fig. 108.

Diese Decken werden bis zu 2,50 m Spannweite ohne Holzunterschalung auf Matten aus Rohrgeflecht, sogenannte Holzermatten, ausgeführt, D. R. P. (vergl. Deutsche Bauzeitung, 1895, Seite 144). Die Kostruktion hat geringes Eigengewicht und eignet sich zur Verwendung in Wohnhäusern.

Der Preis für 1 qm Decke beträgt 3,60 bis 4,20 M.

Die Donathsche Zementeisendecke, der vorigen ähnlich, beschrieben Deutsche Bauzeitung 1897, Seite 591 und Zentralblatt der Bauverwaltung, 1897, Seite 49.

Die Zementeisendecke von Müller, Marx & Co., beschrieben Deutsche Bauzeitung, 1896, Seite 207 und Zentralblatt der Bauverwaltung, 1897, Seite 49.

Die Weißsche armierte ebene Decke, beschrieben Zentralblatt der Bauverwaltung, 1902, Seite 52.

Die Spiral-Eisen-Betondecke in verschiedenen Formen, von denen Fig. 109 ein Beispiel zeigt; die Eiseneinlage besteht aus gedrillten Flacheisen. (Deutsche Bauzeitung, 1899, Seite 79.)

Die Spanneisendecke, D.R.G.M. No. 80434, beschrieben Deutsche Bauzeitung, 1899, Seite 524.

Die Wagenknecht-Decke, D. R. G. M. No. 178256, beschrieben Zentralblatt der Bauverwaltung 1902, Seite 576.

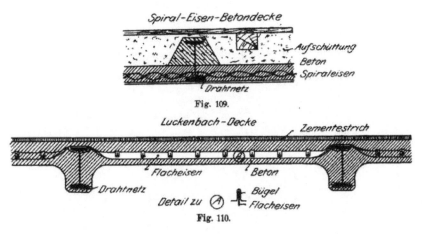

Fig. 109.

Fig. 110.

Die Zementbetongewölbe-Decke von Froehlich, D. R. G. M. No. 149658, beschrieben Zentralblatt der Bauverwaltung, 1902, Seite 576.

Die Drainrohr-Decken, beschrieben Zentralblatt der Bauverwaltung, 1900, Seite 144.

Die Luckenbachsche Decke, D. R. G. M., Fig. 110, besitzt Einlagen aus hochkantig gestelltem Flacheisen mit darauf gesetzten eisernen Klammern.

Koenensche Voutenplatte.

Die Koenensche Voutenplatte, Fig. 111 (vergl. Deutsche Bauzeitung, 1898, Seite 380), ist eine an den Auflagern eingespannte Zementeisenplatte mit konkav-konvex geformter Eiseneinlage. Sie kann angesehen werden als eine Platte von annähernd gleichem Biegungswiderstande für gleichmäßig verteilte Belastung, indem die durch die Lage der Eisenstäbe gegebenen Widerstandsmomente der Plattenquerschnitte den angreifenden Biegungsmomenten entsprechen.

Die Decke wird mit Spannweiten bis zu 6,50 m ausgeführt und ist allgemein beliebt.

Der Preis der Deckenplatte einschließlich des unteren Deckenputzes ohne Deckenträger ist bei einer Spannweite von 4,50 m etwa 5,00 bis 8,50 M. für je 1 qm, je nach Spannweite und Größe der Belastung.

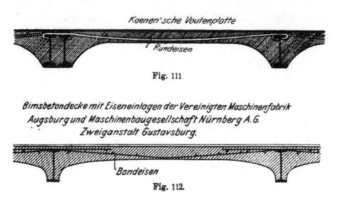

Koenen'sche Voutenplatte

Fig. 111

Bimsbetondecke mit Eiseneinlagen der Vereinigten Maschinenfabrik Augsburg und Maschinenbaugesellschaft Nürnberg A. G. Zweiganstalt Gustavsburg.

Fig. 112.

Bimsbetondecke mit Eiseneinlagen.

Die Bimsbetondecke, Fig. 112, nach geschütztem System der Vereinigten Maschinenfabrik Augsburg und Maschinenbaugesellschaft Nürnberg A. G. (vergl. Z. d. V. d. I., 1902, Seite 862, Stahl und Eisen, 1903, Seite 125, stellt ebenfalls eine eingespannte Tragplatte veränderlichen Querschnitts zwischen Trägern dar. Die Verbindung der Eiseneinlagen mit dem Beton stützt sich hier nicht auf. die Haltbarkeit beider Materialien allein, sondern wird noch durch Druck-Anschläge (kleine Winkeleisen) gesichert. Hervorzuheben ist, daß trotz der hohen, durch amtliche Versuche bewiesenen Tragkraft, das Eigengewicht der Decken außerordentlich gering ist und letztere eine dem Korkstein gleichkommende Wärmeisolation aufweisen, was durch die Verwendung von Bimsbeton bedingt ist. Der Hauptbestandteil des Bimsbetons ist Bimssand, der vulkanischen Ursprungs und somit unverbrennlich ist.

Natürlich ist die Ausführung dieser Decke auch in gewöhnlicher Betonmischung möglich.

Die Decken haben weiteste Verbreitung und günstige Beurteilung gefunden. Ausgeführt werden sie bis zu etwa 6,5 m Spannweite.

Der Preis stellt sich auf etwa 4,00 bis 8,50 M. für 1 qm je nach Stützweite und Stärke.

Ähnlich den beiden vorigen Decken sind:

die Betoneisendecke von Stapf, D. R. G. M. No. 98737, beschrieben
Zentralblatt der Bauverwaltung, 1898, Seite 636,

die Gelenkeisendecke von Wayß, beschrieben Deutsche Bauzeitung, 1902, Seite 450.

Die zuletzt aufgeführten Decken, die Luckenbach-Decke, die
Koenensche Voutenplatte usw., bilden eine Ausnahme unter den bisher behandelten Decken, denn ihre Tragplatten liegen nicht nur
auf den Unterflanschen, sondern gleichzeitig auf den Oberflanschen der
Träger auf. In dieser Hinsicht bilden sie gleichsam den Übergang von
den vorbeschriebenen zu den im folgenden zu behandelnden Decken.

Vc 2. Decken, bei denen die Tragplatten auf den Trägerober-flanschen aufgelagert werden.

Zur Herstellung der Deckenplatte lassen sich die Steine der
beschriebenen Anordnungen von Förster usw. verwenden, meist
findet man aber die Decken in Betoneisenbau und nach der Monier-

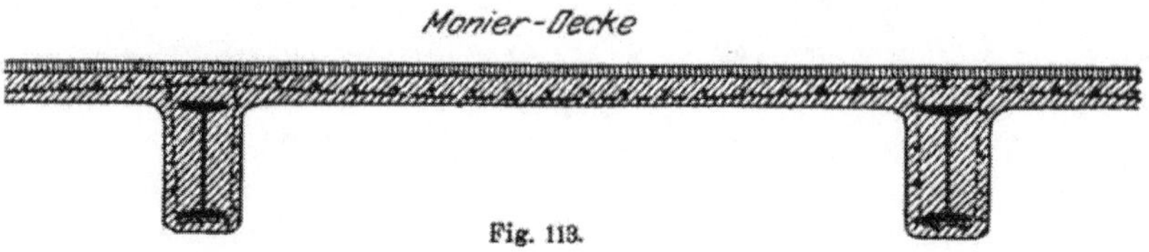

Monier-Decke

Fig. 113.

Bauweise ausgeführt. Da die Deckenplatten an sich die Träger
gegen die aufsteigende Flamme nicht schützen, so müssen diese im
allgemeinen einzeln ummantelt werden. Das geschieht in derselben
Weise wie bei den Unterzügen, z. B. mit Asbestzement, Macks
Feuerschutz-Mantel, Korksteinplatten, Moniermasse u. a. m. Näheres
über diese Ummantelungen enthält der Abschnitt V b.

Fig. 113 stellt eine ebene Monierdecke dieser Art dar.

Die Fig. 114 bis 117 zeigen eine Eisenbetondecke nach Ausführungen der Columbian Fireproofing Company, Pittsburgh, New-
York und London.*)

---

*) Vergl. Publications of the British Fire Prevention Committee
No. 23 London 1899, oder Freytag, The Fireproofing of Steel Buildings, New-
York 1899, Seite 281.

Die Einlage der Deckenplatte besteht aus Profileisen nach Fig. 114; diese werden in Abständen von etwa 50 cm von einander angeordnet und von entsprechend geformten Bügeln, Fig. 115, getragen, die auf die Trägeroberflanschen gelegt sind. Die Deckenträger werden vollständig mit Stampfbeton ummantelt, wobei zu bemerken ist, daß der Ummantelungskörper unterhalb des Trägerunterflansches mit einer Aussparung für die Lüftung versehen wird, Fig. 116. Diese Aussparung wird in der Weise hergestellt, daß vor dem Einstampfen des Betons muldenartig geformte Monierplatten,

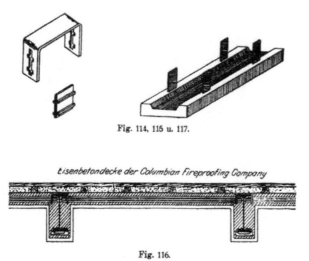

Fig. 114, 115 u. 117.

Fig. 116.

Fig. 117, am Trägerunterflansch befestigt werden. Die Befestigung wird durch Bandeisen bewirkt, die in diese Platten eingelegt sind und um die Trägerflanschen herumgebogen werden. Die fertige Decke erhält eine Putzschicht.

Mit einer solchen Decke stellte das Britisch Fire Prevention Committee, London[*]) einen $2^{1}/_{2}$ ständigen Brandversuch an. Die Decke war stark belastet. Die auf die Decke wirkende Wärme wurde während der Versuchsdauer allmählich gesteigert und betrug während der letzten halben Stunde im Durchschnitt etwa 1100° C. Der Deckenputz wurde während der Erwärmung stellenweise beschädigt, durch das nachherige Anspritzen zum Teil zerstört. An

[*]) s. vorige Seite.

der Deckenplatte sowie der Trägerummantelung waren nach Beendigung des Versuches Beschädigungen kaum bemerkbar.

Bei großer Trägerzahl erfordert die Einzelummantelung die Aufwendung hoher Kosten. In manchen Fällen mag es daher ratsam sein, die Träger durch Herstellung doppelter Decken der Einwirkung des Feuers zu entziehen. Die auf den Oberflanschen ruhende Tragplatte muß hinreichend kräftig ausgebildet werden, während die an den Unterflanschen aufgehängte Decke nur so stark zu sein braucht, daß sie sich selbst tragen kann, aber auch genügend isolierfähig ist. Für solche Unterdecken wird Zementmörtel verwendet, mit einer Einlage von Drahtgewebe, Drahtziegeln, Streckmetall oder dergl.

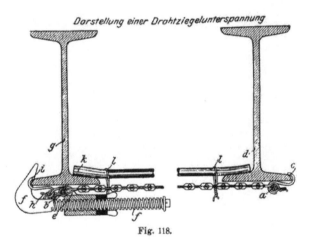

Darstellung einer Drahtziegelunterspannung

Fig. 118.

Für das Unterspannen der Deckenträger mit Drahtziegelbahnen gibt die ausführende Fabrik folgendes Verfahren an:

Mit den beiden Enden der Drahtziegelbahnen, die in der Breite von 1 m hergestellt werden, verbindet man 8 mm starke Stäbe aus Rundeisen a u. b, Fig. 118, indem man je 2 Reihen Tonkreuzchen zertrümmert und mittels der dadurch frei werdenden Drahtenden die Stäbe möglichst kurz eindreht, so daß immer zwei Drahtenden eine Schlinge bilden. Die Rundeisen a werden in Haken c gelegt, deren anderes Ende um den Unterflansch des Endträgers d greift. Die Haken sind aus 3×13 mm starkem Flacheisen gebildet und werden in Entfernungen von rund 25 cm angeordnet. Die Rundeisen b werden nunmehr von den Hülsenhaken e der eigens kon-

struierten, zum Spannen der Drahtziegelbahnen dienenden Schrauben-
kloben erfaßt. Diese besitzen Haken f, die um den Unterflansch
des Endträgers g fassen. Auf 1 m Breite der Drahtziegelbahn
kommen etwa 5 solcher Kloben. Ist durch das Anziehen der
Klobenschrauben die Bahn genügend straff gespannt, so werden
durch kräftige Drahtbänder h die Rundeisen b mit den Haken i, die
um die Träger g gelegt werden, verbunden und hierauf die Kloben
gelöst.

Zur Unterstützung der Bahnen zwischen den Trägern dienen
Rundeisen von 8 mm Stärke aufwärts, die vor dem Ausspannen der
Bahnen in Entfernungen von etwa 20 cm auf die Trägerunterflansche
gelegt werden. Drahtziegel und Rundeisen werden mit Draht-
bändern l verbunden, wobei jedes Drahtband zwei bis drei Drähte
des Drahtziegels gleichzeitig fassen soll.

Die Kosten einer Unterdecke mit Drahtziegeleinlage betragen
etwa 4,00 M. für 1 qm.

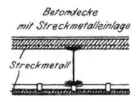

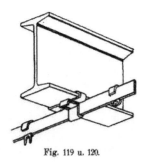

Fig. 119 u. 120.

Eine Doppeldecke mit Streckmetall-Einlage zeigen Fig. 119
u. 120 (vergl. Deutsche Bauzeitung 1901, Seite 174). In Fig. 120
sind die eisernen Zubehörteile angegeben, die zur Aufhängung der

Streckmetallbahnen benutzt werden. Die obere Tragplatte aus Beton besitzt ebenfalls Streckmetall-Einlage. Derartige Decken, die in Amerika, England und Frankreich vielfach angewendet werden und neuerdings auch in Deutschland eingeführt sind, sollen sich durch hohe Tragfähigkeit auszeichnen.

Bezüglich ihrer Feuersicherheit sind im Jahre 1900 in der Königlichen mechanisch-technischen Versuchsanstalt zu Charlottenburg bei einer Brandprobe gute Ergebnisse erzielt worden.

Bei einem anderen, seitens des British Fire Prevention Committee 1899 in London angestellten Brandversuche von $1^1/_2$ stündiger Dauer mit einer solchen Decke, die stark belastet war, blieb die Decke während der sehr rasch gesteigerten Erhitzung auf durchschnittlich 1200° C völlig unversehrt; durch das am Schluß des Versuches vorgenommene Anspritzen wurde der Mörtel der Unterdecke — hier Haar-Kalkmörtel — an den vom Wasser getroffenen Stellen völlig zerstört.

Die Kosten der in Fig. 119 gezeichneten Doppeldecke ohne Träger betragen rund 9,00 M. für 1 qm.

Decken der vorgenannten Art können auch durch Verwendung der gewöhnlichen bei der Rabitz-Bauweise üblichen Drahtgewebe als Einlage hergestellt werden.

Vd. Feuersichere Dächer.

Bei feuersicheren Dächern sollen die Eisenteile der Dachbinder nicht nur gegen von innen aufsteigende Flammen isoliert sein, sondern es muß auch verhütet werden, daß sie von außen her durch niederfallendes Flugfeuer oder durch die Hitzewirkungen eines brennenden Nachbargebäudes in schädlicher Weise beeinflußt werden können.

Darüber, wie letztere Bedingung erfüllt werden kann, möge zunächst einiges gesagt werden. Naturgemäß kann hier nur durch geeignete Dachdeckungsmaterialien der beabsichtigte Zweck erreicht werden. In den einzelnen Städten schreiben die Baupolizei-Gesetze meist die Verwendung bestimmter Eindeckungsmaterialien vor, oder es ist wenigstens der Baupolizei anheimgestellt, in einzelnen Fällen, je nach der Bestimmung eines Gebäudes, hierüber Vorschriften zu machen. Im allgemeinen kann man hiernach als feuersicher die sogenannten harten Eindeckungen, und zwar etwa in folgender Reihenfolge, betrachten: Schiefer, Ziegel, Zementdachziegel, Dachpappe, Wellblech mit Betonüberzug, Holzzement auf Holzunterlage

mit Erdaufschüttung, Holzzement auf massiver Unterlage mit Erdaufschüttung, Tonplatten usw. Neuerdings werden für Dachdeckungs-
zwecke Asbestschieferplatten auf den Markt gebracht, die, auf
Schalung oder auf Lattung vernagelt, nach den Angaben der Fabrik
eine gut isolierende, wasserundurchlässige, durch Temperatur-
schwankungen nicht beeinflußte Eindeckung geben. Die Platten
werden in ähnlicher Weise verlegt wie die gewöhnlichen Schiefer-
platten.

Die in Fig. 121 dargestellte Eindeckung eines eisernen Daches
besteht aus einer nach der Rabitz-Bauweise hergestellten Platte von
etwa 4 cm Stärke mit aufgeklebter Dachpappe.

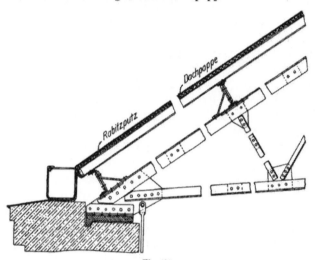

Fig. 121.

Über weitere Eindeckungsmaterialien sind Beschreibungen in
der Deutschen Bauzeitung 1897, Seite 240, 260, 590 enthalten.

Der Herstellung eines wirksamen Schutzes der eisernen Dachbinder gegen von innen aufsteigende Flammen wird im allgemeinen
nicht die genügende Beachtung geschenkt. Bei einstöckigen Gebäuden, in denen weder ungewöhnlich starker Menschenverkehr
stattfindet noch feuergefährliche Gegenstände angehäuft werden,
wird man im allgemeinen von einer Isolierung der inneren Dachfläche absehen dürfen. Bei solchen einstöckigen Gebäuden dagegen,
die zeitweise oder dauernd zur Aufnahme großer Menschenmassen
oder leicht brennbarer Stoffe bestimmt sind, ist die Sicherung der

eisernen Dachkonstruktionen gegen Feuer zu empfehlen. Bei mehrstöckigen Gebäuden endlich, besonders bei Warenhäusern, Geschäfts-
und Lagerhäusern, wo der Dachboden zu Lagerzwecken für Waren
dient oder zur Unterbringung von allen möglichen, meist leicht
brennbaren Gegenständen benutzt wird, sollte der Feuersicherung
stets besondere Sorgfalt gewidmet werden. Dachbodenbrände gehören zu den fast täglichen Erscheinungen einer Großstadt; die
Gefahren, die solche Brände mit sich bringen, werden häufig unter-
schätzt.

Bei Bauwerken mit verwickelten Binderkonstruktionen würde
Einzelummantelung sämtlicher Eisenteile erhebliche Schwierigkeiten
und Kosten verursachen. In Deutschland ist das Verfahren auch
nicht üblich. Statt dessen enthalten die meisten Bauordnungen be-
stimmte Vorschriften über die Beschaffenheit des Dachraumes selber,
dahingehend, daß dieser Raum gegen die übrigen Gebäudeteile
völlig feuersicher abgesperrt werden muß. Beispielsweise findet
man die Bestimmung, daß der Fußbodenbelag aus unverbrennlichem
Material besteht, daß die Decke, auf welcher der Fußboden ruht,
massiv ist, daß die Türen zum Dachraume feuersicher sind und
Selbstschließer besitzen usw.

Was die Ausführung der Ummantelung der eisernen Binder-
teile betrifft, so gibt es z. Z. nur wenige Verfahren, die als allgemein
gebräuchlich bezeichnet werden könnten. Bestehen die Binder aus
einfachen Walzeisen, so können Eisenteile, die nicht schon durch
die Eindeckung selber geschützt werden, mit unverbrennlichen, die
Wärme schlecht leitenden Stoffen ummantelt werden. Beschreibungen
dieser Ummantelungen behandelt der Abschnitt V b.

Solche Dächer werden auch nach Art der massiven Decken
ausgebildet, namentlich dann, wenn Wert darauf gelegt wird, daß
die Eindeckung außer dem erstrebten Feuerschutz noch einen Schutz
gegen den Wechsel der Außentemperatur gewähren soll. Für solche
Zwecke eignen sich die meisten unter Abschnitt V c$_1$ beschriebenen
Anordnungen feuersicherer Decken; namentlich finden hier Betondecken ausgedehnte Verwendung. Beispiele für letztere sind in der
Baukunde des Architekten 1896, Band I$_1$, Seite 493 enthalten.

In dem Beispiele Fig. 122 u. 123 ist das Dach nach Art der
Kleine'schen Decke ausgebildet; die aus leichten porösen Lochsteinen
bestehende Decke ruht auf den Binderunterflanschen, während die
äußere Eindeckung auf Holzschalung genagelt ist. Der zwischen
unterer Decke und äußerer Eindeckung gebildete Luftraum unterstützt
das Isoliervermögen. Er kann auch mit geeigneten Stoffen als:

Schlacke, Kieselguhr usw. ausgefüllt werden. Will man die Holz-
balkenlage mit Schalung vermeiden, so kann man auf die massive
Decke auch eine Betonschüttung bis über die Trägeroberflanschen
hinaus aufbringen, Fig. 124 u. 125. Auf die glatte Oberfläche dieser
Schüttung wird dann die äußere Eindeckung aus Dachpappe oder
dergl. aufgeklebt.

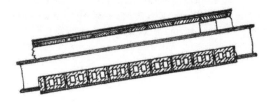

Fig. 122 u. 123.

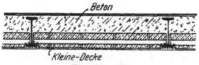

Fig. 124 u. 125.

Bei dieser Anordnung wird zugleich die Tragfähigkeit der
massiven Decke ausgenutzt.

Schließlich werden zur Erreichung des vorliegenden Zwecks
auch die unter Abschnitt Vc$_2$ angegebenen Verfahren in Anwendung
gebracht, nach denen unter die ganze untere Dachfläche eine starke

Putzschicht mit Einlage aus Drahtgeflecht, Drahtziegelgewebe oder Streckmetall gebracht wird.

Fig. 126 stellt ein Holzzementdach auf Eisenwellblech dar, dessen untere Fläche in dieser Weise mit Drahtziegelputz geschützt ist.

Werden die Ansprüche bezüglich der Feuersicherheit nicht zu hoch gestellt, so empfiehlt es sich, wie bei Sheddächern gebräuchlich, Holzunterschalung mit Rohrverputz anzuwenden.

Bei weniger einfachen, z. B. fachwerkartig ausgebildeten Binderkonstruktionen werden, wie bereits hervorgehoben, die Eisenteile nicht einzeln ummantelt, sondern es wird der ganze Dachraum feuersicher nach unten abgesperrt.

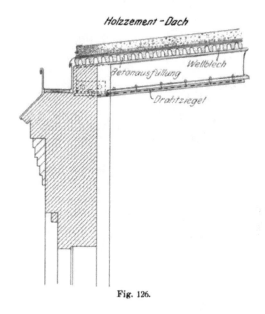

Fig. 126.

Ist der Dachraum unbenutzt, so geschieht die Absperrung in einfachster Weise durch Anordnung einer geeigneten dünnen Decke aus Monier, Rabitz usw. zwischen Dachraum und den darunterliegenden Geschossen. Ein Beispiel hierfür, das neuerdings bei der Gefängniskirche in Fuhlsbüttel bei Hamburg zur Anwendung gekommen ist, zeigt Fig. 127. Bei dieser besteht das Gewölbe aus Moniermasse, die an den Binderuntergurten hängt. Die Stärke des Gewölbes beträgt etwa 5 cm.

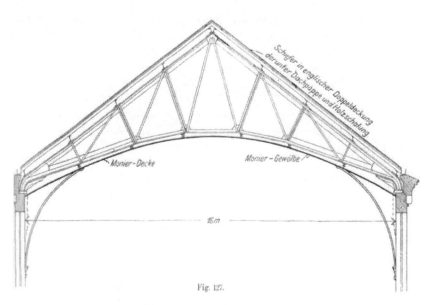

Fig. 127.

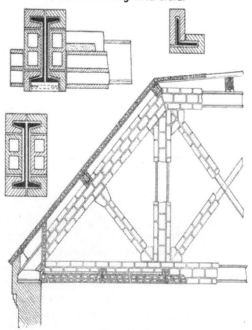

Binderummantelung mit Terrakotten

Fig. 128 bis 131.

Schutz von Eisenkonstruktionen.

6

In Nordamerika findet man häufig sämtliche Eisenteile der Binder mit Terrakotten ummantelt. Fig. 128 bis 131 zeigen ein Beispiel eines derart ummantelten Dachbinders mit Einzelheiten (vergl. Freytag, The Fireproofing of Steel Buildings, New York, 1899, Seite 281).

Ve. Feuersichere Treppen.

Für die Sicherung und Rettung der in einem brennenden Gebäude befindlichen Menschen und für die Fortschaffung wertvoller Gegenstände usw., sowie zur wirksamen Bekämpfung des Feuers seitens der Feuerwehr ist es von großer Wichtigkeit, daß die Treppen eines Gebäudes im Brandfalle möglichst lange betretbar bleiben. Bei größeren Gebäuden mit hoher Stockwerkszahl ist hierauf naturgemäß mehr Gewicht zu legen, als bei kleinen niedrigen Häusern.

Inbezug auf die Anordnung innerhalb der Gebäude lassen sich solche Treppen unterscheiden, die in abgeschlossenen massiven Treppenhäusern untergebracht sind, ferner solche, die völlig frei im Gebäude liegen, und schließlich solche, die von einzelnen Stockwerken feuersicher abgeschlossen sind, mit anderen dagegen in freier Verbindung stehen.

Die Anordnung von abgeschlossenen massiven Treppenhäusern ist bei größeren Wohngebäuden, Lagerhäusern und solchen mehrstöckigen Bauwerken, in denen sich dauernd größere Menschenmassen aufhalten, durchaus geboten.

Die Zugänge vom Treppenhaus zu den übrigen Räumlichkeiten müssen einerseits groß genug und in ausreichender Zahl vorhanden sein, um ein rasches, unbehindertes Entleeren der Räume im Brandfalle zu ermöglichen, andererseits aber sollen sie nicht zahlreicher und geräumiger sein, als unbedingt nötig ist; denn jede Öffnung bietet dem Gebäude Gefahr, da sie das Eindringen von Flammen und Rauch in das Treppenhaus ermöglichen kann, wodurch dessen Betretbarkeit beeinträchtigt und unter Umständen ausgeschlossen wird. Jedenfalls empfiehlt es sich, bei diesen Öffnungen feuersichere, selbstschließende Türen anzubringen, oder bei besonders feuergefährlichen Betrieben auch noch Vorräume, ähnlich den Windfängen, anzuordnen, wodurch eine unmittelbare Verbindung zwischen den Räumen und dem Treppenhause aufgehoben wird.

Sehr empfehlenswert sind Klappen oder aufklappbare Fenster im Dache des Treppenhauses oder dicht darunter, die vom Erdgeschoß aus geöffnet und geschlossen werden können. Sie gewähren dem in das Treppenhaus eingedrungenen Rauche freien Abzug. Auch baut man in solche Öffnungen Ventilatoren ein, die für ge-

wöhnlich zur Lüftung des Treppenhauses, im Brandfalle zur Rauchabsaugung benutzt werden. Als sicherstes Mittel, ein Verrauchen der Treppenhäuser zu verhindern, dienen große unverschlossene Öffnungen in den Frontwänden der Treppenhäuser, die dem Rauch möglichst ungehinderten Austritt ins Freie gewähren.

Werden in einem Gebäude Explosivstoffe oder sonst leicht entzündliche Waren verarbeitet, so sind die Vorsichtsmaßregeln bezüglich der Treppenhäuser noch zu erweitern. Man wendet in solchen Fällen wohl Treppentürme an, die abseits der Gebäude stehend, in Höhe eines jeden Stockwerks durch feuersichere Brücken mit dem eigentlichen Gebäude verbunden werden.

Ein solcher Treppenturm ist der Gefahr durch Rauch- oder Stichflammen ungangbar zu werden, nicht ausgesetzt; den Löschmannschaften gewährt er einen ungefährdeten Stand für den Angriff auf das Feuer.

Treppen, die frei im Gebäude liegen, also eine völlig freie Verbindung übereinander liegender Stockwerke herstellen, sind in Bauwerken, die der Feuersgefahr ausgesetzt sind, wenn ihre Anordnung nicht aus besonderen Gründen gerechtfertigt und geboten ist, zu vermeiden. In solchen Fällen ist es dringend empfehlenswert, neben diesen Treppen noch besondere Nottreppen in massiven Treppenhäusern anzuordnen.

Treppen, die von einzelnen Stockwerken abgeschlossen sind, mit anderen dagegen in freier Verbindung stehen, haben meist untergeordnete Bedeutung.

In dem Beispiele Fig. 132 und 133 sind Keller und Erdgeschoß einer Fabrik durch eine Wendeltreppe, die nur gegen den Kellerraum durch massive Mauern abgesperrt ist, verbunden. Eine nochmalige Absperrung gegen das Erdgeschoß wäre hier zwecklos und würde den Verkehr hemmen.

Das für die Treppen verwendete Material ist je nach dem Zweck, der Bedeutung und dem zu erzielenden Grade der Feuersicherheit verschieden.

Ungeschützte Holztreppen sind am wenigsten feuersicher.

Den Holztreppen mit Rohrverputz, die für Wohnhäuser viel verwendet und im Sinne der meisten Bauordnungen feuersicher sind, haftet der Mangel an, daß der Rohrputz durch den Wasserstrahl der Feuerspritze leicht zerstört wird und das Holz der Treppe, einmal entzündet, dem Feuer Nahrung bietet und ein Verqualmen des Treppenhauses bewirkt, wodurch dessen Benutzung erschwert oder gar unmöglich gemacht wird.

Die Verwendung natürlicher Steine zu Stufen und Podesten ist für Treppen, bei denen es auf Feuersicherheit ankommt, nicht zu empfehlen, weil die meisten natürlichen Steine unter der Einwirkung des Feuers und Spritzenwassers zerstört werden.

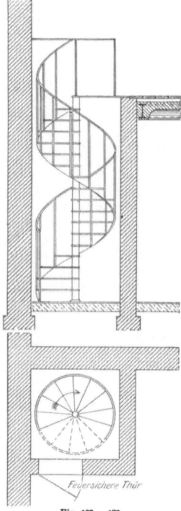

Feuersichere Thür

Fig. 132 u. 133.

Im eigentlichen Sinne als feuersicher zu betrachten sind ummantelte Eisentreppen und massive Treppen aus künstlichen Steinen, Beton usw. mit oder ohne Zuhülfenahme eiserner Träger.

Eine Massivtreppe mit eisernen Wangen und Podestträgern stellen Fig. 134 und 135 dar. Zwischen den Eisenträgern sind Kappengewölbe eingespannt, die zum Tragen der an sich nicht tragfähigen Stufen und Podeste dienen.

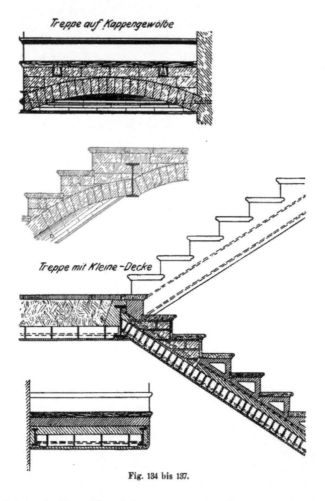

Fig. 134 bis 137.

Bei der in Fig. 136 und 137 dargestellten Treppe werden Stufen und Podest von Kleine'schen Deckenplatten getragen. Bei beiden Konstruktionen liegen fast alle Eisenteile von vornherein eingebettet; nicht verdeckte Teile werden, wo vollkommene Ummantelung geraten erscheint, mit Drahtputz versehen.

Sind die Treppenstufen an sich tragfähig, so werden sie in einfachster Weise auf die Wangen gelegt, diese aber besonders ummantelt.

Treppe mit Kunststeinstufen

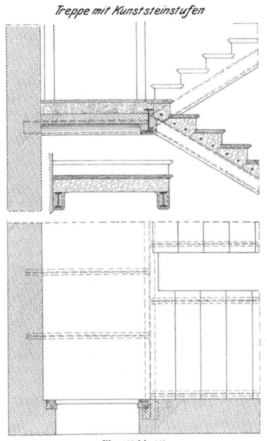

Fig. 138 bis 140.

Eine solche Treppe zeigen die Fig. 138 bis 140. Die Stufen sind aus Kunststein mit Eiseneinlage gebildet.

Bei der in den Fig. 141 und 142 dargestellten Treppenkonstruktion (vergl. Deutsche Bauzeitung, 1896, Seite 610) umhüllen die aus Kunststein gefertigten Stufen die eisernen Wangen vollständig; sie sind zu dem Zwecke in der Richtung des Treppenlaufes

mit schlitzartigen Aussparungen von schwalbenschwanzförmigem Querschnitt versehen, die die Träger aufnehmen. Nach Aufbringung der Treppenstufen werden die Schlitze mit Beton vollgestampft, sodaß die Wangen völlig eingebettet werden. Zur Verringerung des Eigengewichts besitzen die Stufen zylindrische Aussparungen.

Bei Treppen, die völlig oder nahezu völlig aus Eisen gebildet sind, wird man meist von Ummantelung der Eisenteile absehen. Man sollte aber solche Treppen nach Möglichkeit nur in Räumen anordnen, in denen das Entstehen eines Brandes kaum zu erwarten ist.

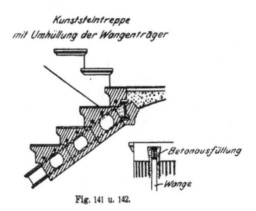

Fig. 141 u. 142.

Vf. Feuersichere Wände.

Vf. 1. Außenwände.

Soweit bei den Umfassungsmauern gewöhnlicher Gebäude eiserne Träger Verwendung finden, z. B. zur Abfangung von Mauerteilen über Türen und Fenstern, zum Tragen von Erkervorbauten usw., werden sie meist schon des äußeren Aussehens wegen vollständig in das Mauerwerk eingebettet bezw. mit Drahtputz umgeben. Diese Einmauerung sichert die Träger auch hinreichend gegen Beschädigung durch Schadenfeuer.

Eiserne Säulen in den Frontmauern von Laden- und Warenhäusern bedürfen im allgemeinen, wie schon unter Abschnitt IIIa bemerkt, der Sicherung gegen Feuersgefahr nicht, da sie durch ihre Lage der Feuerwehr zugänglich zu sein pflegen und von ihr stets beobachtet werden können. Ist dies nicht der Fall, so mauert man die Frontsäulen entweder ein, oder umgibt sie mit geeignetem Um-

mantelungsmaterial, z. B. Korkstein, Monier, Rabitz; Verkleidung der Säulen mit Marmorplatten oder anderen natürlichen Steinen, die nicht feuerbeständig sind, kann als Feuerschutzmittel nicht angesehen werden.

In Nordamerika legt man auf die feuersichere Ummantelung der in Außenmauern vorkommenden Eisenkonstruktionen, besonders bei den vielgeschossigen Turmhäusern, außerordentlich hohen Wert. Die zu Fensterstürzen, Auskragungen usw. benutzten Träger, die oft recht erhebliche Abmessungen haben, werden in der sorgfältigsten Weise in das Mauerwerk eingebaut und an den etwa freiliegenden Stellen durch Terrakotten ummantelt. Die Säulen in den Außenmauern umgibt man dort wohl mit einem starken feuerfesten Mantel und baut um diesen das eigentliche Mauerwerk vollständig herum.

Sehr ausgiebige Verwendung in Außenmauern findet das Walzeisen bei den Eisenfachwerksbauten. Nach dieser Bauweise werden, besonders in den Industriegebieten, Fabrikanlagen, Speicher, Lokomotivschuppen, Wärterhäuser und selbst Wohnhäuser ausgeführt; sie mag daher hier etwas ausführlicher behandelt werden. An sich ist eine in gewöhnlicher Weise ausgemauerte Eisenfachwerkswand, bei der die Trägerstege geschützt und nur die Flansche beiderseits freiliegen, schon verhältnismäßig feuersicher. Jedenfalls darf in solchen Fällen, wo der Inhalt des Gebäudes zu Bränden von längerer Dauer keinen Anlaß geben kann, von besonderer Ummantelung und Einmauerung der Trägerflansche abgesehen werden. Enthält dagegen der Raum Gegenstände, die bei einem ausbrechenden Feuer besonders hohe Wärmegrade hervorrufen können, so müssen sämtliche Teile des Fachwerksgerippes, wenigstens im Innern der Gebäude, in geeigneter Weise geschützt werden.

Fig. 143 u. 144.

Auf einfachste Art geschieht dies durch Aufbringen eines 1 bis $1\frac{1}{2}$ cm starken Putzes aus Zementmörtel; Fig. 143 u. 144. Die Flansche werden zu dem Zweck vorher mit Drahtgeflecht überspannt.

Ein wirksamerer Schutz läßt sich dadurch erzielen, daß man die Wand stärker herstellt, als der Trägerhöhe des Eisengerippes ent-

spricht. Besteht beispielsweise das letztere aus Walzeisen Nr. 12 bis
Nr. 15, so führt man das Mauerwerk 1 Stein stark aus, Fig. 145 u.
146. Die Anordnung gestattet die Ausbildung eines guten Mauerverbandes und schützt den Trägerflansch vollkommen. Freilich ist
es hierbei, falls man nicht zu Formsteinen greifen will, in den meisten
Fällen unvermeidlich, die Steine zu behauen, besonders aber geht
der den Fachwerksbauten eigene Vorteil der geringen Mauerstärke
und damit des geringen Eigengewichts zum Teil verloren.

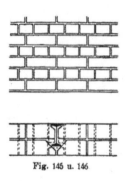

Fig. 145 u. 146

Dieser Übelstand kann dadurch verringert werden, daß man
das Mauerwerk nur in der Nähe der Eisenkonstruktion in größerer
Stärke ausführt, während innerhalb der Felder, die Eisenteile nicht
enthalten, Aussparungen vorgenommen werden, so daß hier die
Mauerstärke geringer wird. Die Fig. 147 u. 148 zeigen das Beispiel
eines Lagerschuppens aus Eisenfachwerk; Stirn- und Längswand sind
in verschiedener Stärke ausgeführt. Aussparungen sind hier nur in
den größeren Mittelfeldern möglich, während die oberen und unteren
Felder, welche Diagonalverbände enthalten, durchweg die volle
Mauerstärke erhalten haben. Die Fig. 149 bis 152 zeigen in größerem
Maßstabe die Einmauerung eines Pfostens der Stirn- und Längswand
mit Angabe des Mauerverbandes.

Die durch die Aussparung zu erzielende Gewichtsersparnis
richtet sich nach der Bauart des Eisengerippes und ist um so größer,
je einfacher diese Bauart ist. Soll daher ein Eisenfachwerksbau
in der beschriebenen Weise feuersicher hergestellt werden, so ist
von vornherein auf möglichst einfache Durchbildung des Gerippes
Bedacht zu nehmen.

Liegt bei einem Fachwerksbau, z. B. bei Wohnhäusern, zugleich das Bedürfnis vor, die Innenräume gegen äußere Witterungseinflüsse möglichst zu schützen, so empfiehlt sich die Ausführung nach Fig. 153, vergl. Baukunde des Architekten I[1], S. 457. Vor der in gewöhnlicher Weise hergerichteten Eisenfachwerkswand von

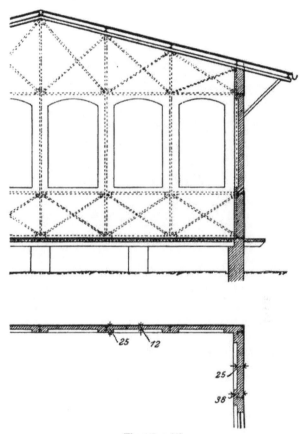

Fig. 147 u. 148.

halber Steinstärke ist an der Gebäudeinnenseite unter Belassung eines Luftzwischenraumes von 4 cm eine Monierwand aufgeführt und mit ersterer durch eiserne Klammern verbunden.

Ein anderes Verfahren besteht darin, daß die durch das Eisengerippe gebildeten Fache nicht ausgemauert werden, sondern als

isolierende Luftschicht dienen. Das Eisengerippe wird beiderseits
mit Verblenderschichten von halber Steinstärke umgeben, Fig. 154,
vergl. Deutsche Bauzeitung 1892, S. 479. Beide Schichten werden
durch einzelne in die Fugen eingelegte Schienen aus Flacheisen zu-
sammengehalten. Die Schienen werden an den Enden entweder

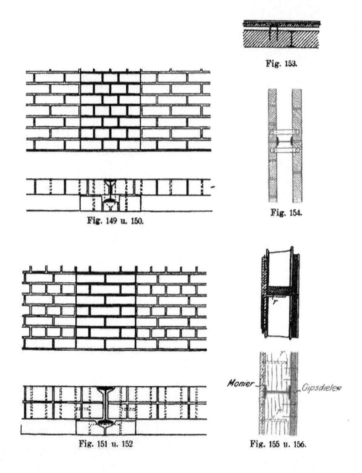

Fig. 153.

Fig. 149 u. 150.

Fig. 154.

Fig. 151 u. 152

Fig. 155 u. 156.

mit einem Loch versehen, in welches der Mörtel eindringen kann
oder sie werden auch zu diesem Zwecke aufgespalten.

In anderer Weise wird der gegenseitige Zusammenhalt der
Innen- und Außenwand durch das Einlegen durchgehender Binder-
steine erzielt.

Den gleichen Grundgedanken verfolgt die in den Fig. 155 und 156 angegebene Ausführung (vergl. Baukunde des Architekten I[1], S. 465). Die Außenwand besteht hier aus Monier-Masse; die Innenwand aus Hartgipsdielen, die gegenseitige Befestigung der Wände ist aus der Zeichnung ersichtlich. Der äußeren Monierwand, die eine Stärke von 5 – 8 cm besitzen soll, gibt man, um ein Eindrücken durch Wind, Ausbauchungen und dergl. zu verhindern, außer der gewöhnlichen Einlage aus dünnem Rundeisen an einzelnen Stellen Einlagen aus stärkerem Rund- oder Flacheisen r. Zu demselben Zwecke werden Innen- und Außenwand durch wagerecht und senkrecht angeordnete Gipsdielen gegeneinander versteift, die in solchen Entfernungen voneinander angebracht werden, daß Felder von etwa 1 qm Fläche entstehen.

Vf 2. Innenwände.

Bei Innenwänden kommen namhafte Eisenkonstruktionen im allgemeinen nicht vor. Wohl gibt man solchen Innenwänden, die möglichst leicht ausfallen sollen, Eiseneinlagen aus Drahtgeflecht, Drahtziegeln oder Streckmetall oder, wie bei der Prüßschen Wand, vergl. Deutsche Bauzeitung 1901, S. 228, aus stärkeren, senkrecht und wagerecht angeordneten Flacheisen; ihre nähere Beschreibung gehört aber nicht hierher. Für den Fall, daß solche Wände in Eisenfachwerk ausgeführt werden sollen, gelangen die in Abschnitt Vf[1] beschriebenen Ummantelungen zur Anwendung.

Vg. Feuersichere Türen.

Betreffs der Anordnung feuersicherer Türen in Gebäuden sind einerseits die Bauordnungen, andererseits die Bestimmungen der Feuerversicherungsgesellschaften und Feuerwehren maßgebend. Regel sollte sein, daß überall da, wo zwei Gebäudeteile durch feuersichere Wände gegeneinander abgesperrt sind, auch die dem Verkehr zwischen beiden dienenden Durchgänge durch feuersichere Türen verschlossen werden. Durchgänge in Brandmauern versieht man nicht selten an jeder Seite mit einer feuersicheren Tür, wenn man nicht vorzieht, von der Anordnung irgend welcher Öffnungen in Brandmauern ganz abzusehen, da mit diesen in den meisten Fällen Erhöhung der Versicherungsprämie verbunden sein wird.

Benachbarte Räume, die besonders feuergefährlich sind, werden wohl durch windfangähnliche, massive Durchgänge, die beiderseits mit feuersicheren Türen versehen sind, miteinander in Verbindung gebracht.

Feuersichere Türen müssen feuer- und rauchsicheren Abschluß gewähren, von selbst zufallen und im Brandfalle gut gangbar bleiben bei möglichst leichter aber fester Bauart.

Die älteren Konstruktionen feuersicherer Türen, beispielsweise aus Monier oder ähnlichen Stoffen mit Winkeleisenrahmen oder aus doppeltem Wellblech mit Ausfüllung der Zwischenräume haben sich im allgemeinen nicht bewährt, da die Türen äußerst leicht beschädigt werden, zu schwer sind und beim Brande sich leicht festklemmen oder werfen. Noch weniger geeignet sind ungeschützte Eisenblechtüren mit Einfassung aus Winkeleisen, die beim Brande rasch glühend werden und sich abbiegen oder zusammensinken.

Neuerdings benutzt man fast ausschließlich eisenblechbeschlagene Holztüren, die sich bisher in jeder Weise bewährt haben. Das Beispiel einer solchen Tür mit zwei Flügeln zeigen Fig. 157 bis 160. Der $3^1/_2$ bis 4 cm dicke Kern wird aus einfachen Dielen oder besser aus zwei kreuzweise zu einander angeordneten Bretterlagen gefertigt. Die Verwendung von Hartholz ist hierzu zu empfehlen.

Die Holzflächen sind beiderseitig mit 1 mm starken Eisenblechtafeln zu beschlagen, die mit durchgehenden Nieten befestigt werden. Die Türflügel sind mit kräftigen aus Winkel- und Flacheisen gebildeten Rahmen und Türbändern versehen, die ebenfalls mit durchgehenden Nieten befestigt sind. Die Zargen bestehen aus Winkeleisen mit aufgenieteten Anschlagleisten aus Vierkanteisen; sie werden durch kräftige, eingenietete Anker festgehalten.

Der Türrahmen überdeckt die Zarge an der Außenseite, wodurch in Verbindung mit den Anschlagleisten der Zarge doppeltes Anliegen und guter Schluß der Tür erzielt wird. Der Anschlag der beiden Flügel gegeneinander ist ebenfalls ein doppelter.

Die Türzargen läßt man wohl auch fort und legt die Tür in einen in die Mauer passend eingestemmten und sauber ausgeputzten Falz. Diese Türen schließen nicht so dicht wie die mit eiserner Zarge, auch tritt, besonders bei starker Benutzung der Tür, ein rascher Verschleiß des Mauerfalzes ein, wodurch die Undichtigkeit vergrößert wird.

Bei der in Fig. 161 bis 163 dargestellten Tür von König, Kücken & Co., Berlin, sind die aufgenieteten Blechtafeln mit Riefen

versehen, die einerseits der Tür ein gefälliges Aussehen verleihen,
andererseits bequeme Ausdehnung der Platten bei Erhitzung ermög-

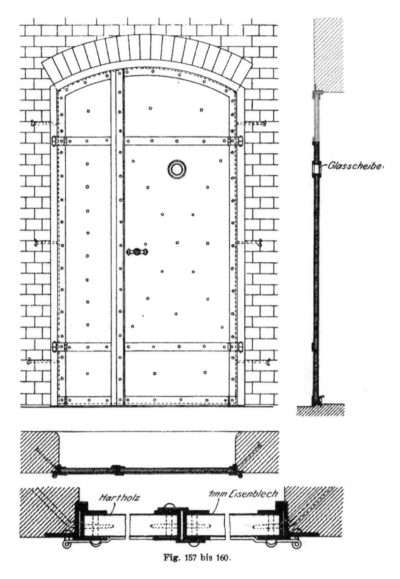

Fig. 157 bis 160.

lichen sollen, ohne daß sich diese ausbauchen und von der Bretter-
lage abheben.

Außer diesen beiden äußeren Tafeln besitzt die Tür noch eine dritte zickzackartig gebogene Blechplatte, welche die Bretter einzeln umgibt und voneinander trennt.

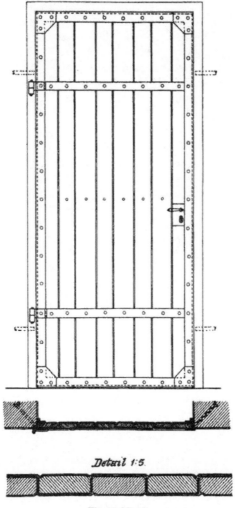

Detail 1:5.

Fig. 161 bis 163.

Mit dieser Anordnung wird bezweckt, die Steifigkeit der Tür zu erhöhen und ein Werfen der Bretter im Brandfalle sowie das Übergreifen der Verkohlung von einem Brett zum andern zu verhindern.

VI. Kostenzusammenstellung der verschiedenen Ummantelungsarten für Säulen und Träger und der feuersicheren Decken.

Die Preise der im vorigen Abschnitt behandelten Ummantelungen und feuersicheren Decken sind den einzelnen Beschreibungen beigefügt. Zur bequemeren Aufstellung von vergleichenden Kostenberechnungen mögen sie jedoch nochmals in übersichtlicher Ordnung zusammengestellt werden.

Die folgende Zusammenstellung 1 enthält die Preise für die in Abschnitt Vb beschriebenen Ummantelungen von Säulen und Unterzügen, Zusammenstellung 2 die Preise für die in Vc behandelten feuersicheren Decken.

Wie bereits unter Abschnitt Va hervorgehoben, sind die angegebenen Preise als Mittelwerte anzusehen und örtlichem und zeitlichem Wechsel unterworfen.

Von der Angabe der Kosten der in den Abschnitten Vd bis Vg behandelten feuersicheren Dächer, Treppen, Wände und Türen ist abgesehen worden, weil die Kosten infolge der Verschiedenartigkeit der Verhältnisse sehr verschieden sind; sie lassen sich daher allgemein nicht festlegen, sind vielmehr für jeden einzelnen Fall besonders zu bestimmen.

Zusammenstellung 1.

Ummantelungen von Säulen und Unterzügen.

1.	2.	3.	4.	5.
Lfd. Nr.	Art der Ummantelung	Beschreibung auf Seite	Gewicht von 1 qm Ummantelungsfläche	Preis für 1 qm fertiger äußeren Mantelfläche
1.	Asbestzement mit Drahtgeflecht oder Streckmetall- 2,5 cm stark einlage 4 cm „	50	(ungefähr kg) 40 65	*M.* 4,00—5,00[1] 6,00—7,00
2.	Asbestkieselguhr-Zement und 1 cm starker Putzschicht mit Drahtgeflecht oder Streckmetalleinlage 2,5—3 cm stark	52	35	4,00—5,50
3.	Backsteine, normale hochkantig gestellt mit Zementputz.	31	100—120	5,50
4.	Drahtziegel in 3—4 cm starker Zementmörtelschicht	42	50—70	7,50—8,00
5.	Eichenholz 3—4 cm stark	31	30—40	5,00—6,00
6.	Feuertrotz, bestehend aus der 1,5 cm starken Furchenplatten und einer 1,5 cm starken Sinterschicht . .	46	30	4,00—5,00
7.	Kiefernholz, 3—4 cm stark . . .	31	20—30	3,00—4,00
8.	Korkstein 4 cm stark mit Drahtnetzumgebung und 1—2 cm starker Zementputzschicht . . .	35	30—40	5,00—6,00
9.	Kunsttuffstein, 4—5 cm stark, einschließlich Putzschicht	39	30—40	3,50—5,00
10.	Macks Feuerschutzmantel, Lamellen 1,5—2 cm stark, mit Zementputzschicht von 2 cm	44	40—50	4,00—5,00
11.	Monier etwa 4. cm stark	41	80—100	4,50—5,50
12.	Plutonit von 3 cm Stärke	49	33	9,00—12,00[2]
13.	Poröse feuersichere Steine, 6 und 10 cm stark.	33	75—120	5,00—7,00[3]
14.	Stampfbeton 8 cm stark	39	160—180	6,00
15.	Terrakotten[4]	32		

[1] Die kleineren Preise gelten bei Verwendung der schnell bindenden Marke A, die größeren bei Verwendung der langsam bindenden Marke B.

[2] Der kleinere Preis gilt für große glatte Mantelflächen, der größere für kleinere gekrümmte Flächen.

[3] Der kleinere Preis gilt für 6 cm. der größere für 10 cm starken Mantel.

[4] In Deutschland nicht gebräuchlich.

Schutz von Eisenkonstruktionen.   7

Zusammenstellung 2.

1	2	3	4
Lfd. No.	Art und Material der Deckenplatten	Beschrei-bung auf Seite	Spannweiten m

1. Decken, bei denen die Platten auf den

1	Anker-Dübel-Decke	60	bis 2,50 bei 250 kg Nutzlast „ 1,50 „ 750 „ „
2	Bimsbetondecke	71	bis 6,50
3	Terrakotten	53	
4	Förstersche Massivdecke	58	1,70—3,00 für Wohnräume 1,50—2,00 „ Fabriken usw.
5	Hohlsteine, poröse, feuersichere	56	0,85—1,00
6	Hohlziegeldecke	64	bis 1,70 für Wohngebäude „ 1,20 „ Fabriken usw.
7	Kappengewölbe aus Backsteinmauerwerk	56	1,00—1,50
8	Kleinesche Decke	60	vergl. Tabelle auf Seite 63
9	Koenensche Plandecke	68	2—3
10	Koenensche Voutenplatte	70	3—6 3—6
11	Körtingsche Decke	59	1,30 für Wohngebäude bis 1,00 für Fabriken usw.
12	Luckenbach-Decke	70	bis 3,00 bei 10 cm Stärke, bei größerer Plattenstärke bis 5,00
13	Monier-Decke, gewöhnliche, flach . . .	67	bis 2,50 und höher
14	Monier-Decke, gewölbt	67	bis 5,00 und höher
15	Monier-Decke, System Holzer	69	bis 2,50

Decken.

5	6	7
Gewicht der Decken-platten per qm Horizontalprojektion ungefähr kg	Preise für 1 qm Horizontalprojektion einschl. Arbeitslöhne ℳ.	Bemerkungen

Trägerunterflanschen aufgelagert werden.

5	6	7
100	3,50—4,50	Die Deckenplatte ist 10 cm stark und besitzt Rundeiseneinlagen von 5 mm ⌀
verschieden	4,00—8,50	
100	3,00—4,00 (für Magdeb. Verhältn. 3,10—3,50)	Die Preise gelten für 10 und 13 cm starke Deckenplatten
120—180	5,00—7,00	Die Preise und Gewichte gelten für 10 und 15 cm starke Deckenplatten
100	4,00—5,00	
250	3,50—5,00	
verschieden je nach Art und Stärke der verwendeten Steine	3,00—5,00 für etwa 12 cm starke Decken-platten	Verwendet werden normale Hohl- und Vollziegel, wie auch poröse Lochsteine und Schwemmsteine
225—250	5,00—6,25	Nutzlast 500 kg/qm, Höhe 24 bis 26 cm
150—275	5,00—7,50	Stärke 6—12 cm, Nutzlast 250 kg/qm
175—350	5,50—8,50	„ 7—15,5 „ „ 500 „
100	3,00—4,00	
250 bei 10 cm Stärke	6,00	
200 bei 8 cm Stärke	6,00—7,50	Gewicht u. Preis gelten für 8 cm st. Platten, d. h. für mittl. Spannweiten u. Belastung.
150 bei 6 cm Stärke	7,50—9,00	Gewicht u. Preis gelten für 6 cm st. Platten, d. h. für mittl. Spannweiten u. Belastung.
200 bei 8 cm Stärke	3,60—4,20	Gewicht und Preis gelten für 8 cm starke Platten, d. h. für mittlere Spannweiten und Belastungen. Der Preisunterschied gegenüber gewöhnlichen Monier-decken rührt daher, daß die Holzer-Decken keiner Schalung bedürfen.

Die sämtlichen aufgeführten Preise und Gewichte gelten nur für die Tragplatten, also aus-schließlich der Deckenträger, etwaiger Auffüllung, Fußbodenbelag, Estrich, Deckenputz usw.

7*

1	2	3	4
Lfd. No.	Art und Material der Deckenplatten	Beschreibung auf Seite	Spannweiten m
1. Decken, bei denen die Platten auf den				
16	Omega-Decke	59	bis 1,60 für Wohngebäude „ 1,15 „ Fabriken usw.
17	Spiral-Eisen-Beton-Decke	70	bis 1,80
18	Stampfbeton	66	0,80—1,00
19	Weysser-Decke	64	bis 1,40
2. Decken, bei denen die Tragplatten auf den				
1	Doppeldecke aus Beton mit Streckmetall-einlage	75	—
2	Eisenbetondecke der Columbian Fire-proofing Company	72	—
3	Monier-Decke	72	bis 2,50 und höher

5	6	7
Gewicht der Decken-platten per qm Horizontalprojektion ungefähr kg	Preise für 1 qm Horizontalprojektion einschl. Arbeitslöhne *M.*	Bemerkungen

Trägerunterflanschen aufgelagert werden.

100	3,00—4,00	Die angegebenen Spannweiten gelten für 10 cm starke Deckenplatten mit Eisen-einlagen von 8 mm $\oslash$ zwischen d.Fugen	
250 bei 10 cm Stärke	6,00		
480 bei 22 cm Stärke	4,20—5,00		
100—140	4,50—6,00 6,00—9,00	flache Platten 7 und 10 cm stark konsolartige Platten 7 und 10 cm stark	

Trägeroberflanschen aufgelagert werden.

—	9,00	Bezug des Streckmetalls durch Schüchtermann & Kremer, Dortmund	
—			
200 bei 8 cm Stärke	9,00—10,50	Gewicht und Preis gelten für 8 cm starke Deckenplatte, d. h. mittlere Spann-weiten und Belastungen.	

Die sämtl. aufgeführten Preise u. Gewichte gelten nur für die Tragplatten, also ausschl. der Deckenträger, etwaiger Auffüllung, Fußbodenbelag, Estrich, Deckenputz usw.

Alphabetisch geordnetes Sachverzeichnis.

Die Zahlen bedeuten die Seitenzahlen.